非物质文化遗产丛书

Intangible Cultural Heritage Series

潭柘紫石砚

袁树森 孔繁明 著

北京市文学艺术界联合会 组织编写

北京出版集团公司
北京美术摄影出版社

图书在版编目（CIP）数据

潭柘紫石砚 / 袁树森，孔繁明著 ；北京市文学艺术界联合会组织编写. — 北京 ：北京美术摄影出版社，2017.1
（非物质文化遗产丛书）
ISBN 978-7-80501-991-8

Ⅰ. ①潭… Ⅱ. ①袁… ②孔… ③北… Ⅲ. ①石砚—工艺—北京 Ⅳ. ①TS951.28

中国版本图书馆CIP数据核字（2017）第022697号

非物质文化遗产丛书

潭柘紫石砚

TANZHE ZISHIYAN

袁树森　孔繁明　著

北京市文学艺术界联合会　组织编写

出　版　北京出版集团公司
　　　　北京美术摄影出版社
地　址　北京北三环中路6号
邮　编　100120
网　址　www.bph.com.cn
总发行　北京出版集团公司
发　行　京版北美（北京）文化艺术传媒有限公司
经　销　新华书店
印　刷　北京方嘉彩色印刷有限责任公司
版　次　2017年1月第1版第1次印刷
开　本　190毫米×245毫米　1/16
印　张　13.5
字　数　194千字
书　号　ISBN 978-7-80501-991-8
定　价　68.00元

编委会

组织编写

北京市文学艺术界联合会

北京民间文艺家协会

序

PREFACE

赵　书

2005年，国务院向各省、自治区、直辖市人民政府，国务院各部委、各直属机构发出了《关于加强文化遗产保护的通知》，第一次提出“文化遗产包括物质文化遗产和非物质文化遗产”的概念，明确指出：“非物质文化遗产是指各种以非物质形态存在的与群众生活密切相关、世代相承的传统文化表现形式，包括口头传统、传统表演艺术、民俗活动和礼仪与节庆、有关自然界和宇宙的民间传统知识和实践、传统手工艺技能等，以及与上述传统文化表现形式相关的文化空间。”在北京市“保护为主、抢救第一、合理利用、传承发展”方针的指导下，在市委、市政府的领导下，非物质文化遗产保护工作得到健康、有序的发展，名录体系逐步完善，传承人保护逐步加强，宣传展示不断强化，保护手段丰富多样，取得了显著成绩。

2011年，第十一届全国人民代表大会常务委员会第十九次会议通过《中华人民共和国非物质文化遗产法》。第三条中规定“国家对非物质文化遗产采取认定、记录、建档等措施予以保存，对体现中华民族优秀传统文化，具有历史、文学、艺术、科学价值的非物质文化遗产采取传承、传播等措施予以保护”。第八条中规定“县级以上人民政府应当加强对非物质文化遗产保护工作的宣传，提高全社会保护非物质文化遗产的意识”。为了达到上述要求，在市委宣传部、组织部的大力支持下，北京市于2010年开始组织编辑出版“非物质文化遗产丛书”。丛书的作者为非物质文化遗产项目传承人以及各文化单位、科研机构、大专院校对本专业有深厚造诣的著名专家、学者。这套丛书的出版赢得了良好的社会反响，其编写具有三个特点：

第一，内容真实可靠。非物质文化遗产代表作的第一要素就是项目内容的原真性。非物质文化遗产具有历史价值、文化价值、精神价值、科学价值、审美价值、和谐价值、教育价值、经济价值等多方面的价值。之所以有这么高、这么多方面的价值，都源于项目内容的真实。这些项目蕴含着我们中华民族传统文化的最深根源，保留着形成民族文化身份的原生状态以及思维方式、心理结构与审美观念等。非遗项目是从事非物质文化遗产保护事业的基层工作者，通过走乡串户实地考察获得第一手材料，并对这些田野调查来的资料进行登记造册，为全市非物质文化遗产分布情况建立档案。在此基础上，各区、县非物质文化遗产保护部门进行代表作资格的初步审定，首先由申报单位填写申报表并提供音像和相关实物佐证资料，然后经专家团科学认定，鉴别真伪，充分论证，以无记名投票方式确定向各级政府推荐的名单。各级政府召开由各相关部门组成的联席会议对推荐名单进行审批，然后进行网上公示，无不同意见后方能列入县、区、市以至国家级保护名录的非物质文化遗产代表作。丛书中各本专著所记述的内容真实可靠，较完整地反映了这些项目的产生、发展、当前生存情况，因此有极高历史认识价值。

第二，论证有理有据。非物质文化遗产代表作要有一定的学术价值，主要有三大标准：一是历史认识价值。非物质文化遗产是一定历史时期人类社会活动的产物，列入市级保护名录的项目基本上要有百年传承历史，通过这些项目我们可以具体而生动地感受到历史真实情况，是历史文化的真实存在。二是文化艺术价值。非物质文化遗产中所表现出来的审美意识和艺术创造性，反映着国家和民族的文化艺术传统和历史，体现了北京市历代人民独特的创造力，是各族人民的智慧结晶和宝贵的精神财富。三是科学技术价值。任何非物质文化遗产都是人们在当时所掌握的技术条件下创造出来的，直接反映着文物创造者认识自然、利用自然的程度，反映着当时的科学技术与生产力的发展水平。丛书通过作者有一定学术高度的论述，使读者深刻感受到非物质文化遗产所体现出来的价值更多的是一种现存性，对体现本民族、群体的文化特征具有真实的、承续的意义。

第三，图文并茂，通俗易懂，知识性与艺术性并重。丛书的作者均是非物质文化遗产传承人或某一领域中的权威、知名专家及一线工作者，他们撰写的书第一是要让本专业的人有收获；第二是要让非本专业的人看得懂，因为非物质文化遗产保护工作是国民经济和社会发展的重要组成内容，是公众事业。文艺是民族精神的火烛，非物质文化遗产保护工作是文化大发展、大繁荣的基础工程，越是在大发展、大变动的时代，越要坚守我们共同的精神家园，维护我们的民族文化基因，不能忘了回家的路。为了提高广大群众对非物质文化遗产保护工作重要性的认识，这套丛书对各个非遗项目在文化上的独特性、技能上的高超性、发展中的传承性、传播中的流变性、功能上的实用性、形式上的综合性、心理上的民族性、审美上的地域性进行了学术方面的分析，也注重艺术描写。这套丛书既保证了在理论上的高度、学术分析上的深度，同时也充分考虑到广大读者的愉悦性。丛书对非遗项目代表人物的传奇人生，各位传承人在继承先辈遗产时所做出的努力进行了记述，增加了丛书的艺术欣赏价值。非物质文化遗产保护人民性很强，专业性也很强，要达到在发展中保护，在保护中发展的目的，还要取决于全社会文化觉悟的提高，取决于广大人民群众对非物质文化遗产保护重要性的认识。

编写“非物质文化遗产丛书”的目的，就是为了让广大人民了解中华民族的非物质文化遗产，热爱中华民族的非物质文化遗产，增强全社会的文化遗产保护、传承意识，激发我们的文化创新精神。同时，对于把中华文明推向世界，向全世界展示中华优秀文化和促进中外文化交流均具有积极的推动作用。希望本套图书能得到广大读者的喜爱。

2012 年 2 月 27 日

序

PREFACE

朱培初

砚与笔、墨、纸并称为“文房四宝”。正如东汉李尤《墨砚铭》所言：“书契既造，砚墨乃陈。烟石相附，笔疏以申。篇籍永垂，纪志功勋。”砚在我国物质文化史上占有重要的地位。

砚的种类很多，主要有陶砚、瓦砚、澄泥砚、玉石砚等，其中以石砚为主。石砚有着极其久远的历史，几乎和我国五千年的文明史同步。1980年在我国陕西临潼姜寨仰韶文化初期遗址原始人骨架旁出土研墨石具并附有石制研磨棒和黑色颜料，1958年在陕西宝鸡仰韶文化遗址也发现浅蓝色石砚。1976年在河南安阳殷墟墓出土了玉石调色器，1975年12月在湖北孝感地区云梦县秦墓出土圆形石砚。由此可见，石砚至今已有几千年的历史。

东汉时墨丸改进为墨锭，用以研磨墨丸的石制研墨磨随之消失，直接用墨锭研磨。砚，古代亦称研，汉代刘熙《释名》谓：“砚，研也，研墨使和濡也。”1976年在山东章丘黄旗堡镇出土的盘龙三足石砚尚遗存墨迹，1980年在甘肃天水隗嚣宫遗址出土的双螭双虎三足石砚已有透雕技法。隋、唐两代书宣艺术卓有成就，石砚使用广泛，刻砚技艺突飞猛进。当时广东端砚、安徽歙砚（尤以金星砚为最）、山东鲁砚（尤以青州红丝石砚为最）、甘肃洮河石砚并称为“四大名砚”。唐代著名书法家柳公权还著有《论砚》一文。

石砚的雕刻技术在宋代更为精湛，不少书画家关于刻砚的专著纷纷刊行，如唐询的《砚谱》、李之彦的《砚谱》、唐积的《歙州砚谱》、佚名的《端溪砚谱》、欧阳修的《砚谱》、米芾的《砚史》、苏易简的《文房四谱》、曹绍的《歙砚说》等。百家争鸣，各抒己见，使刻砚艺术达到了理论上的新高度。明代又有沈仕的《砚谱》、文震亨的《长物志》，清代有吴兰修的《端溪砚史》、曹溶的《砚录》、高凤翰的《砚史》等。

北京的紫石砚约始于明正统年间，当时朝廷曾派出钦差提督驻守门头沟产地，组织工匠开采御用砚石。门头沟至今遗存刻有“内官监紫石官塘界，钦差提督马鞍山兼管理工程太监何立”字样的石碑和当年修筑的监工台。由于砚石产地临近始建于西晋年间的潭柘寺，因而又称潭柘紫石砚。

潭柘紫石砚的起源和发展并非偶然，这和当地的自然地理环境、民间善于雕刻以及帝王官府的倡导有着密切的关系。第一，门头沟地处北京西郊，位于太行山余脉和燕山南麓的接合之处，群山环绕，连绵不断，奇峰叠翠，有九龙山、妙峰山、百花山等，矿产资源丰富。古人谓“山为石之骨”，门头沟除了盛产煤以外，还出产紫砚石这一珍贵的石料。紫砚石在地质学上又被称为紫红色石英砂岩石，分布于潭柘寺附近的阳坡园和永定北岭地区。顾名思义，紫石砚色泽为紫。据典籍记载，历代名砚皆注重石料品相，石美无瑕方可施工，并崇尚紫色。《端溪砚谱》称“大抵石性贵润，色贵青紫。干则灰苍色，润则青紫色”。李之彦的《砚谱》称“端石紫石为上，水不干涸为佳”。又有诗云“端州石工巧如神，踏天磨刀割紫云”，形容端砚采石工所采之石色如紫云。歙砚的砚石也是“色淡青黑……以水湿之，微似紫（见《洞天清录》）”。由此可见，砚的石性贵润，润则色紫，利于雕刻和发墨。

潭柘紫石砚的砚石和端砚、歙砚的砚石一样，也是优良的砚石。米芾《砚史》谓“石理当发墨为上”，紫石砚的砚石质地湿润，细腻光滑，磨墨细润无声，发墨不损墨色、不掩墨香，久用后笔毫仍然圆正不退锋，如此质地优良的石料为潭柘紫石砚的发展奠定了物质基础。此外，潭柘紫石砚的生产和艺术创作也继承了我国刻砚的优秀艺术传统。米芾的《砚史》精辟地指出刻砚应“器以用为功”，将发墨濡笔的功能放在首位，并充分发挥砚石自身的材质、色泽等特色，将砚石的自然特性、艺术创作和功能这三者完美地统一起来。米芾从砚石的实用功能出发，崇尚简朴，指出“文藻缘饰”的繁缛艺术风格“失砚之用”。

第二，门头沟地区盛产石料，以供宫廷建筑装饰、寺庙、民宅等使用，产量以永定镇石厂村为最。该村在明代即为御用石料之坊，直属工部所辖，并设有官署衙门，石厂村的名称源于明嘉靖十三年（1534年），当时石厂村附近工匠计有2500名之多（《北京市门头沟区志》，北京出版社，2006年）。石料生产促进民间石雕工艺的发展，如门墩石、拴马石、庙宇寺塔、民宅墙角石等，这也为潭柘紫石砚的生产发展提供了广泛而浑厚的群众基础。

第三，帝王和宫廷的倡导也是重要原因。北京为明、清两代之都城，官府手工艺是北京传统工艺美术的一大特色，流传至今，影响深远。明代官府设御用监内掌造宫廷所需物品。《明会要》记载，嘉靖年间宫廷手工艺有188个工种，工匠约1.2万人。清代自康熙年间后，官府设有内务府养心殿造办处，清乾隆二十三年（1758年）左右造办处共有砚作、石作、玉作、锦匣作等有关砚的作坊计42座，61种专业，工匠师有400人之多。据说，造办处还招募端州、歙州等地的刻砚匠师来京供职于内廷。故宫博物院至今仍藏有明、清两代的潭柘紫石砚。

由于清高宗乾隆酷爱书宣，刻砚技术在乾隆年间达到鼎盛时期。乾隆御制《西清砚谱》刊行于乾隆四十三年（1778年），为历史罕见的刻砚专著。该典籍奉敕编订多种砚计241件，并将所刊之砚共计25卷，绘图记录共计572幅，悉为考证，丝毫无误。乾隆在序中称“文房四事，谓笔，砚，纸，墨，文房所必资也。然笔最不耐久，所云老不中书，纸次之，墨又次之，惟砚为最耐久”、宫内藏砚“久陈之乾清宫东西暖阁，因思物每系地博散置多年，不有以荟萃记，或致遗失传为可惜也。因命内廷翰臣，甄寂品次，图而谱之”。《西清砚谱》为我国刻砚艺术的传承做出了重大的历史贡献。

具有570多年历史的潭柘紫石砚虽不如端砚、歙砚历史久远，但就其作为明、清两代宫廷御用文房用具而言，地位是其他名砚所不及的，故亦可堪称我国刻砚艺术之瑰宝。清末以后，潭柘紫石砚逐渐衰微，遗址湮没无闻。直至20世纪80年代，孔繁明先生毅然承担起恢复、发展潭柘紫石砚的重大历史任务。他亲自勘探砚石矿坑，组织开采，恢复生产。他积极收集历代古砚资料，认真继承传统，收集各地名砚，学习他人之长。他仿制乾隆年间御制《西清砚谱》所刊行的古砚，其尺寸形制丝毫无差，为我国刻砚艺术宝库留下珍贵的实物资料。除了承接国家的刻砚重大工程之外，孔繁明先生还努力创新，密切结合当代社会生活和市场的需求，创作历史典故、花卉风景、十二生肖、旅游纪念品等各种艺术系列的石砚产品，得到了国家和文化艺术界的一致赞赏。近年来，他又根据宋代注重理论研究之风，认真总结30多年创业和发展的艰辛历程以及艺术创作的宝贵经验，与袁树森老师共同完成本书。文章论述详尽，图文并茂，诚为可嘉。这一著作的出版将承前启后，为潭柘紫石砚今后的传承和发展做出重大的贡献。

本人应孔繁明先生之约，为本书写成此拙文，供广大读者参考。

朱培初为中国艺术研究院中国工艺美术馆副总工程师、文化部国家非物质文化遗产保护工作委员会委员。

序

PREFACE

王作楫

历来人们将笔墨纸砚称为“文房四宝”，砚在我国有着深厚的历史渊源。据说孔庙中有一方石砚，是当年孔子所用之物，可见我国早在春秋时期就开始使用砚了。1956年，在安徽太和汉墓中发现了一些圆形石砚，其中有一方石砚分盖和底两部分，工艺十分精美。砚盖外面隆起的提梁上雕有两条通体带鳞、相互缠绕的长身兽；砚底鼎立三足，刻有三组熊状花纹；砚身上也雕有各种美丽纹饰。这说明制砚技术在汉代已达到很高水平，并形成了中国独有的砚文化。砚在我国有着相对完整的传承过程，魏晋南北朝时除石砚外，还出现了银砚、铁砚和铜砚。唐代最有名的是用汉未央宫瓦和魏铜雀台瓦制成的瓦砚和用绛州（今山西省运城市新绛县）汾河泥烧制而成的澄泥砚。到了宋代，流行的还是石砚，最有名的是端州（今广东省肇庆市高要区）地方出产的端砚，因其石质温润细腻，色泽凝重，纹彩典雅，至今仍居我国四大名砚之首。潭柘紫石砚具有浓郁的地方特色，是明正统年间于皇宫内开发的宫廷御砚，极少流传于民间。孔繁明先生苦心钻研潭柘紫石砚三十载，深有心得，并亲手设计了几万方紫石砚。今著成此书，阐明了潭柘紫石砚的由来、雕刻技艺、工艺流程、传说典故，既有知识性，又具可读性，特别适合广大书法爱好者、砚文化收藏者以及热爱传统文化的青年才俊阅读、学习。

前言

FOREWORD

“砚”亦称研，汉族传统手工艺品之一。砚与笔、墨、纸合称为中国传统的“文房四宝”，是中国书法的必备用具。砚台是伴随着笔和墨的发展而发展起来的，最早出现的砚台是石砚。汉代刘熙所著《释名》中说：“砚，研也，研墨使和濡也。”砚由原始社会的研磨器演变而来。初期的砚形态原始，是用一小块研石在一面磨平的石器上将墨丸研磨成墨汁。至汉时，在砚上出现了雕刻，有石盖，下带足。魏晋至隋时出现了圆形瓷砚，由三足而多足。唐代常见的砚式是箕形砚，形同簸箕，砚底一端落地，一端以足支撑。唐、宋时，砚台的造型更加多样化，砚材的运用也极为广泛，其中以广东端砚、安徽歙砚、甘肃洮砚和山西澄泥砚最为突出，合称为中国的“四大名砚”。在这里要说的是，“四大名砚”之说，综合各家之论，有多种说法，砚种和排列顺序不一。本书正文中提到的“四大名砚”，均指现代通说的端砚、歙砚、洮砚和澄泥砚。

砚台历经秦汉、魏晋，至唐代起，各地相继发现适合制砚的石料，开始以石为主的砚台制作。砚台不仅是文房用具，由于其性质坚固，传百世而不朽，再加上石质优良，雕刻精美，富于文化韵味，因而又被历代文人作为珍玩藏品之选。随着收藏热的日益发展，现在可以见到的名砚越来越少，其市场价值也越来越高，能够收藏到一方好的石砚，是无数人梦寐以求的事情。

砚台的制作材料丰富多样，其中石材占据了绝对的地位。用端石、歙石、洮河石、澄泥石、易水石、松花石、红丝石、砣矶石、菊花石等宝贵石种制作的砚台，均被视为中国名砚。

作为文房四宝之一的砚台，是研墨的主要工具。农民的主要生活来源依靠土地，而那些以书画为业的人们则把砚台视为自己耕种的田地，称其为“砚田”。提起砚台，人们首先会想到中国的四大名砚，其实北京也出产砚石和砚台，并且品质极佳，堪与四大名砚媲美。这种石砚最早是由千年古刹潭柘寺的僧人偶然制作出来的，曾经在民间广泛流传。到了明正统年间，皇家维修紫禁城，要使用紫色的石材作为奉天殿（太和殿前身）龙椅下面的基座，因而独占了潭柘紫石的产地——现在的门头沟区潭柘寺镇阳坡园村老虎山，设官塘开采潭柘紫石。在此期间又发现这种紫石料适合于制作砚台，内务府造办处皇家制砚作坊用此石料制作砚台供皇家专用。因为这种砚台是用潭柘寺附近出产的紫石制作而成，故名“潭柘紫石砚”。从此之后，潭柘紫石砚就一直被深锁宫中，出产这种紫石料的地方也成了禁地，用这种石料制作出来的砚台在民间难得一见。潭柘紫石砚从此隐迹570多年之久。

潭柘紫石砚是中国工艺美术的瑰宝，是文房四宝中的一朵奇葩，长年深埋于土内无疑是书画界和收藏界的一大憾事。是金子总要发光的，1987年6月，在北京工艺美术行业协会会长范旭光的积极倡导和协调下，在各界有识之士的热心支持下，经时任门头沟九龙玉器厂（1987年10月18日更名为北京潭柘紫石砚厂）厂长孔繁明先生的潜心研究，明代皇家御砚——潭柘紫石砚终于重生了。一些中国著名书画家经过试用，均视其为珍宝并给予了很高的评价。专家们经过认真研讨，将其正式定名为“潭柘紫石砚”，呈现于世间。孔繁明先生的这一创举不但使得这一中华民族的文化瑰宝得以重放异彩，而且还为北京市工艺美术界填补了一项空白。潭柘紫石砚从重生到申遗成功，可以说每一步都得到了当时各界的协助和支持。为使读者阅读流畅，书中提及的各位领导、名人的职务名称均指该处文章所提年代的职务，而不再另加“时任”。

潭柘紫石砚石质优良，抚之如玉，易于发墨，储水不涸，不损笔毫，雕刻精美，艺术性强。除此之外，它还有一项其他砚种所不能比拟的优势，那就是富有皇家的韵味。因为潭柘紫石砚的雕刻技艺是宫廷制砚工匠后代所传，传承的是宫廷制砚的技艺。潭柘紫石砚一经重现，很快地就成了书画大家们的爱物，以及赠送外国领导人的国礼，在民间更是备受欢迎。

◎ 潭柘紫石砚 ◎

2007年，“潭柘紫石砚雕刻技艺”成功地申报为北京市非物质文化遗产保护项目。北京市文联的领导远见卓识，承担了组织北京市非物质文化遗产项目出书的任务。北京永定河文化研究会接到任务后非常重视，选派了出版过10多本专著、在各大报刊发表过多篇文章、具有丰富写作经验的副会长袁树森先生与2008年5月获得潭柘紫石砚雕刻技艺代表性传承人、北京潭柘紫石砚厂原厂长孔繁明先生友好合作，共同创作了本书。为使读者阅读流畅，书中凡出现孔繁明先生时均未称“作者”而是直接称“孔繁明”。本书凝聚了两位老师共同的心血、汗水和智慧，作为潭柘紫石砚的“档案”，为潭柘紫石砚的爱好者提供了一份潭柘紫石砚的资料。

◎ 孔繁明的传承人证书 ◎

◎ 潭柘紫石砚进入北京市级项目铜牌 ◎

目录

CONTENTS

序 赵　书

序 朱培初

序 王作楫

前言

第一章

与名砚媲美的潭柘紫石砚 — 1

第一节　历史悠久的砚文化　3

第二节　中国“四大名砚”及其他　10

第三节　历史上的潭柘紫石砚　21

第四节　潭柘紫石砚的重生　26

第二章

潭柘紫石砚制作工艺 — 41

第一节　潭柘紫石料　42

第二节　生产工具　47

第三节　工艺流程　56

第四节　技术标准　69

第三章

潭柘紫石砚的艺术特色 —— 73

第一节 雕刻技法 75
第二节 形制与雕饰 83
第三节 分类与特色 94
第四节 潭柘紫石砚雕刻技艺主要价值 105

第四章

潭柘紫石砚雕刻技艺传承 —— 109

第一节 雕刻技艺的传承谱系 110
第二节 主要传承人介绍 113
第三节 雕刻技艺的现状与保护 120

第五章

潭柘紫石砚的“砚缘” —— 123

第一节 支持试制紫石砚的各界人士 124
第二节 书画名家与潭柘紫石砚的故事 132
第三节 作为国礼的潭柘紫石砚 140

第六章

潭柘紫石砚名品赏析 — 141

第一节 巨型砚 142
第二节 仿古砚 150

附录 154
砚谱 154

后记 185

第一章

与名砚媲美的潭柘紫石砚

第一节　历史悠久的砚文化

第二节　中国『四大名砚』及其他

第三节　历史上的潭柘紫石砚

第四节　潭柘紫石砚的重生

砚，又称“砚台”，是文房四宝之一，用于研墨。砚虽然在“笔墨纸砚”的排次中位居殿军，但从艺术品位来说，却居于领衔的地位，这是由于它质地坚实，能够传之百代。在古玩界，凡是文房用品，价值都高于陈设器，更高于实用器。即使是在文房四宝中，砚的价值也比其他的三宝要高。

砚是中国独有的文具，起源很早，大约在商初，砚就已经初具雏形。刚开始的时候，人们用笔直接蘸石墨写字，很不方便，人们便想到了可以先在坚硬的东西上将石墨研磨成汁，再用笔蘸取使用的方法。当时用于研磨的材料主要有石、玉、砖、铜、铁等，由于石料最容易得到，使用效果也最佳，所以我国古代以使用石砚最为普遍。到了汉代，砚台已经成形，并逐渐发展到了高峰，此后流传千年，长盛不衰。

潭柘紫石砚是用产自于北京市门头沟区潭柘寺镇阳坡园村老虎山的紫石制作而成，乃砚之佳品，堪与号称“四大名砚”的广东端砚、安徽歙砚、甘肃洮砚和山西澄泥砚相媲美。潭柘紫石砚早在金、元时就流行于民间，明正统年间设“官塘”开采潭柘紫石，在内务府造办处特设置砚作坊，把潭柘紫石砚定为御砚为皇家专用，并且用于赏赐给文武大臣。清朝皇帝更钟情于用其龙兴之地吉林松花江边上松花石制作的砚台，并定名为“松花御砚”，从此皇家珍藏潭柘紫石砚也被束之高阁，在民间则更是失去了踪迹。

20世纪80年代，中国老年书画研究会理事、北京工艺美术行业协会会长范旭光偶然发现了民间自制的一方潭柘紫石砚，雕刻虽然粗糙，但石质极佳，他认为可以开发出来进行生产，为北京市的文房用具填补一项空白。几经波折后，经时任门头沟区龙泉镇九龙玉器厂厂长的孔繁明试制成功，潭柘紫石砚重现世间。潭柘紫石砚一经面世就受到了一大批书画家的青睐，其中一些佳品还成了赠送给外国政要的国礼。

历史悠久的砚文化

砚是磨墨的工具，属于文房四宝之一，别名“润色先生”，在中国文化的发展中起着重要的作用。这个与人类文明相伴的物品本身就是一件艺术品，自古就为人们所喜爱。由于它质地坚实，能传百代，更是成为收藏家们的爱物。

砚是由原始的磨盘、磨棒进化发展而来的。最早出土的石磨盘、石磨棒位于河南省新郑市距今7000多年的裴李岗文化遗址，那里是砚生成的本源，是砚的根。

1979年在陕西临潼姜寨新石器遗址出土了一套绘画工具，包括带盖的石砚、砚杵、颜料和陶水杯。这种石砚只是一种研磨颜料的器具，仅是砚的雏形，用于书写的墨砚要到战国晚期至秦汉时期才基本定型。1975年湖北凤凰山168号西汉墓出土了一套文具，包括笔、墨、石砚、砚杵、无字木牍和铜削刀，说明书写用的墨砚在2000多年前已经成形了。1983年广州象岗山西汉南越王墓出土了石砚、砚杵和4385粒墨丸。砚杵是汉代早期砚的标志物，墨在没成锭之前，砚都附有砚杵，作用是按压块状或丸状的颜料，加水在砚上研磨成汁。这次考古发现，是汉代早期使用砚的有力证据。汉末，墨锭出现，砚杵逐渐被淘汰。

早期汉砚的形状多为平素自然的石块，中期为圆饼或长方平板。长方平板研磨出的颜料不但可供书画之用，也可供人们化妆之用，这种砚亦被称为“黛板”。汉末，砚在质量、造型和装饰上都发生了变化，质地有石、陶、漆、铜等，有的有盖、有腿，腿大多三只，有方形腿和圆柱腿，在盖和腿上还有龙、狮、猴、鸟和人物图饰。漆砚上有用不同颜料绘制的人物和动物图案，铜砚上镶嵌有玉和宝石。

书法绘画在汉代已逐渐向艺术化方向发展，到了魏晋则完全进入到纯粹艺术之域，笔墨纸砚也日渐精良。由于书写工具有了进步，书画家们使用起来挥洒自如，这一时期能书能画的人日益增多，出现了钟繇、索靖、陆机、顾恺之、戴逵、王羲之、王献之等一大批光耀于史册的人物。

这一时期的砚，盛行圆盘三足式，长方形四足式，四方形四足式，和带有时代烙印的特殊形式等。材料大多是取自于各地山上的石灰岩、页岩、石英石和青石。

到了唐代，砚的制作出现了高峰，像产于广东的端石砚，产于安徽的龙尾石砚，产于山东的红丝石砚和产于山西的澄泥砚，都是在这一时期相继问世的。由于砚在质地上的改进，名砚的尊贵地位到这时才真正确立了起来。这些名砚虽然出现了，但是由于受当时地域、交通等条件的限制，并没有被广泛使用。因陶砚和瓷砚各地都能制造，且工艺相对比较简单，可以说从唐代一直到五代十国时期，这两种砚都是最为广泛流行的。

宋代的书法、绘画、建筑都有着伟大的成就，这一时期也出现了像苏轼、黄庭坚、米芾、蔡襄、李成、范宽、宋徽宗、文同等一批书画大家，他们同时也是砚的爱好者和研究者，有不少研究砚的专著问世。当时在砚学理论方面，有米芾的《砚史》、苏易简的《文房四谱》、高似孙的《砚笺》、唐积的《歙州砚谱》、欧阳修的《砚谱》和杜绾的《云林石谱》等，这些著作对砚的发展起到了极大的指导作用。

宋代时，砚台在品种上发展到了40多个，无论数量还是质量比起唐代都有很大的提高。石砚在宋代成了主流，在造型装饰方面日臻精美，形制也更加多彩，有风字、四直、箕形、斧形、马蹄、日月形、琴形、石渠、太师等几十个品种。雕刻主体部分一般采取深刀，适当穿插浅刀，有时用细刻加以点缀，刻工浑厚大方、古朴雅致。

明代是砚成为工艺品的重要历史阶段，由于社会上赏砚及藏砚之风盛行，砚工为了迎合文人雅士的口味，在形式和雕刻上都超过了前代。

以端砚为例，端砚利用天工，即利用石上的石品（青花、火捺、蕉白、冰纹）刻出各种纹饰，利用石眼雕成动物的眼睛；同时巧用纹色，即利用石上的色彩，雕作山、水、林木、云霞、浪花等。端砚简朴大方，在风格上和明代家具一样，简洁雅致。形制上前厚后薄，明初时端砚仍保留前代厚重的遗风，由于需求量增大，后期逐渐变薄。为了节省材料，一般不予取直取方，所以便出现了各种形态的随形砚。

◎ 随形树桩砚 ◎

在此期间，玩赏砚开始成为风尚。特别是在明万历二十八年（1600年），老坑开出了大西洞优质石料，出现了只作欣赏不作使用的平板砚。此外，用银、铁、铜、翠玉、水晶等材料制的不能研墨的砚，在当时社会上也常见到。与此同时，题款刻铭逐渐成风，绘画、书法、篆刻与砚雕融为一体。

清代，砚进一步发展，康熙、雍正、乾隆三朝是砚发展的全盛时期，御用的宫廷砚不惜工本，刻意求奇、求新、求美，风格雅秀精巧。特别是乾隆，对砚更是情有独钟。而文人砚讲究艺术性、工艺性和鉴赏性，像高凤翰制作的砚台，纪晓岚收藏作铭的砚台，观赏起来会有一种高雅脱俗的趣味。由于文人和艺术家的介入，使在砚上题跋作铭更成为一时的风尚。

随着社会需求和砚进一步向艺术化转化，出现了不少制砚高手。像顾氏一门——顾德麟、顾启明、顾二娘、顾公望，以及金殿扬、刘源、王岫君、高凤翰、梁仪、王复庆等一批门里出身或从艺多年、有独特技能的艺术大师，他们所制的砚台清新典雅，有着浓厚的书卷气息和深厚的艺术底蕴。

尽管清代皇帝很喜欢他们龙兴之地东北的松花石砚，但清代砚，尤其是宫廷砚，总的来说还是以端砚、歙砚为主流。

伴随着玩砚的热潮，砚学著作和谱录不断问世，如朱彝尊的《说砚》、金农的《冬心斋砚铭》、高凤翰的《砚史》、谢慎修的《谢氏砚考》、纪晓岚的《阅微草堂砚谱.》、朱栋的《砚小史》、黄点苍的《端溪砚汇参》、计楠的《端溪砚坑考》、吴兰修的《端溪砚史》、徐毅的《歙砚辑考》、乾隆钦订的《西清砚谱》等，在一个由皇帝带头文人加入的玩砚高潮中，这些著作和谱录是这股玩砚风的成果，也是这股玩砚风的助燃剂。

借着清代玩砚高潮的余温，清末民初也出现了一些玩砚的大家。像曾任民国总统的徐世昌和其胞弟徐世章，吴昌硕为其作铭刻铭的沈石友，以及邹鲁、冯恕等。由于战乱频仍，社会动荡，不少名砚流入到了域外，特别是蒋介石撤离大陆时，把一些国家收藏的古砚运到了台湾省。

新中国成立后，百废俱兴，各大博物馆重整旗鼓，广泛征集，大批古砚收入到国家藏馆。各地名砚名坑也重新开掘，恢复了生产。改革开放之后，政治稳定，市场活跃，不管古砚还是新砚，玩的人都多了起来，又掀起了一股新的玩砚热潮。

这一时期砚文化的著作主要有徐世昌的《归云楼砚谱》、邹安的《广仓砚录》、沈石友之子沈若怀编辑的《沈氏砚林》、赵汝珍的《古砚指南》、马丕绪的《砚林脞录》、章鸿钊的《石雅》、冯恕的《冯氏金文砚谱》《天津市艺术博物馆藏砚》、石可的《鲁砚》、穆孝天和李明回的《中国安徽的文房四宝》、刘演良的《端砚大全》、晨言的《铁砚斋藏砚》、张书碧的《中国天坛砚》、潘德熙的《文房四宝》、蔡鸿茹和胡中泰编辑的《中国名砚鉴赏》、徐文达的《徐氏澄泥砚》、王代文和蔡鸿茹编辑的《中华古砚》《首都博物馆藏名砚》、蔺永茂的《绛州澄泥砚》、胡中泰的《龙尾砚》、姜书璞的《姜书璞刻砚艺术》、王靖宪的《古砚拾零》、王青路的《古砚品读》、肖高洪的《新见唐宋砚图说》、谢志峰的《藏端说砚》、蔡鸿茹的《中国古砚欣赏100讲》、肇庆端砚协会的《千年风流端溪砚》《端砚大观》、阎家宪的《家宪藏砚》（上下卷）、刘红军的《砚台博览》、柳新祥的《端砚》、汪向群的《歙砚》、安庆丰的《洮砚》、蔺涛的《澄泥砚》、傅绍祥的《红丝石砚》、关键的《地方砚》、王正光的《砚林文风》等。

1986年经国家经济贸易委员会批准，中国文房四宝协会于1988年6月在北京正式成立。1988年6月经国家新闻出版总署批准，1989年《中国文房四宝》杂志创刊，为全国文房事业搭建了一个交流的平台。中国文房四宝协会先后在北京、上海、太原、西安等地举办了27次博览会，评授中国砚都、华夏笔都等20个城市，评定了中国文房四宝艺术大师44名。在中国文房四宝协会的指导下，各省市（地区）也成立了协会，举办展览，建立人才培训基地。2010年，协会组织全行业以文房四宝向世界申遗的活动，还与中国教育电视台合作拍摄了以艺术大师为主题的10集电视片，这些都为文房事业发展起到了锦上添花的作用。

砚台在中华民族的发展历史中占有重要地位。从文明层面来说，砚台是传承中华文明的功臣。在文字出现之前，人们就会画画，所用研磨矿物颜料的研磨器就是砚台的雏形，称为“原始砚”。砚台和流传于世的岩壁画、人体画、陶器画等共同记载了中华文明的起源，已成为研究中华民族发展历史的重要遗存。从实用角度来说，砚台是“砚田”。农民靠农田，文人靠砚田，砚台在过去是文人须臾不离的书写用具，是培育历代文人墨客成名成才的沃土。从艺术价值上来看，砚台也是珍贵的艺术收藏品。砚台从简单的书写用具逐步发展，集文学、历史、书法、绘画、雕刻、金石于一体，浓缩了中华民族各朝代政治、经济、文化乃至地域风情、民风习俗、审美情趣等重要信息，是具有民族特色的艺术品，是中华文化艺术殿堂中的奇葩，具有重要的历史价值、社会价值和经济价值。

砚，本身就是中国历代文化精英思想、理想和抱负的表现形式。首先，砚石的坚硬有如中华民族坚韧不拔的奋斗意志。一代一代的文人以催人奋进的格言、诗词、警句作为砚铭，镌刻在坚硬的砚材上，彰显着“浩然气，磊落身，云天志，沧海心”的志向、信念与意志，并奉之为行为准则，致力躬身践行。其次，砚台的温润有如中华民族和谐宽容的包容气度，从天工与人工最佳搭配、刀法与意境协调一致、形式与功能完美统一的佳砚中，我们无不感受到其中人与自然以及人与人的和谐包容与大气凝重，这种包容，促人心胸开阔、眼光通透、人格升华、心灵净化。正如孔子所言："昔者君子比德于玉焉，温润而泽，仁也。"最后，砚台的细腻有如中华民族严谨缜密的务实追求。一方佳砚，需要一刀一刀地刻，一遍一遍地磨，这种一步一步走向成功的过程，本身就体现着龙的传人诚信务实、严谨细腻、专注热情、追求佳境的品格，同时也体现了这种品格在一代一代地传承，一代一代地延续。

砚，具有文房用具和艺术藏品的双重功能，从来就是一张响当当的中国文化艺术名片。作为文房四宝之一，它为中国书画提供器物载体，伴随着文人墨客的人生，推进了中华文化艺术的不断发展。作为一件综合性艺术品，它进入观赏收藏的大雅之堂，构成了一个绚丽多彩、品位高雅的艺术世界。中国文化艺术的发展与中华砚文化的贡献不可分割，中华砚文化的发展必将推动文化艺术事业的繁荣。

砚文化有价值、能利用、可经营，是能够产生巨大社会效益和经济效益的宝贵资产。在市场经济条件下，砚文化既具有文化属性又具有产业属性。砚产业发展拓展了砚文化空间，促进砚文化繁荣；砚文化繁荣注入了砚产业活力，可发扬产业底蕴优势。在扎实推进社会主义文化强国建设的要求指导下，中华砚文化迎来了繁荣发展的春天，同时也为砚产业提供了千载难逢的发展机遇，正可谓"天有厚赠，催人奋进"。

弘扬砚文化就是传承中华民族文化，砚文化是中华民族的文明历史的印迹，在中华几千年的古老文明中，砚文化始终发挥着延续、传播、交流历史和文化的重要作用。历代文人墨客用砚台从不同视角存储了不同历史时期的宝贵信息，形成了壮观的砚文化成果，成为中华文明演进的见证和载体。砚文化从形成开始，就在不断推动中国绘画、书法、雕刻等艺术的发展和传承，它反映了历史人物、文物古迹、民间风俗、建筑风格、山水风貌、制造工艺、宗教信仰等诸多方面的文化内容。砚文化深厚的历史积淀，反映出来的以社会价值观为核心的民族精神、人文精神和科学精神，构成了中华民族最重要的文化资源。砚文化是中华民族特有的无形资产，砚产品虽然以器物形式展现在我们面前，但是砚文化所蕴含的思想文化、科学技术、工艺技能、品牌名域、习俗传统等，构成了非物质文化遗产，体现了国家、地区、民族、企业的文明程度、文化特色、科技水平、综合实力、影响力等软实力，这种软实力完全能够有力推进国家、地区和民族的政治经济社会文化发展。

中国“四大名砚”及其他

提起砚台，人们便会想到中国的“四大名砚”。“四大名砚”分别是广东端砚、安徽歙砚、甘肃洮砚和山西澄泥砚。中国幅员辽阔，地大物博，盛产石料的地方众多。有石就有砚，故宫博物院收藏的古砚中有数百方之多，都是当时全国各地州府进贡给皇上的贡品和品质极佳的石砚。

一、洮砚

洮砚产于甘肃省定西市岷县一带，距今已有1300多年的历史。它以石色碧绿、雅丽珍奇、质坚而细、晶莹如玉、叩之无声、呵之可出水珠、发墨快而不损毫、储墨久而不干涸的特点而饮誉海内外，历来都是宫廷雅室的珍品，文人墨客的瑰宝，馈赠亲友的佳礼，古玩库存中的奇葩。历代文人、学者、书画家为洮砚赋铭咏诗，赞叹不已。

唐代大书法家柳公权在《论砚》中称：“蓄砚以青州为第一，绛州次之，后始端、歙、临洮……”这是对洮砚最早的记载。唐代，石制名砚的发展迎来了成熟期，唐代也成为石制砚开始一统天下的标志性时代。洮砚、端砚、歙砚逐渐取代其他各类材质的名砚，地位至今不可撼动。

洮砚之所以品质极佳，是因为它使用的材料是天然形成的矿石。据地质专家测定，这种矿石形成于古生代的泥盆系，大约为四亿年至三亿五千万年前，属泥盆系中水成岩变质的细泥板页岩石。岩石结构细密，滋润滑腻，颗粒细，粒径为0.01毫米以下，密度为3.04克/立方厘米左右，并含有多种金属离子，磨墨快而细腻有光。岩石经长期浸润，水分充足，细腻光滑，呵之出水，制成砚台后砚堂盛水久存不干，故洮砚享有“虽酷暑而倾墨不干”之盛誉。洮砚硬度适中，为摩氏3度，质硬而不脆，磨墨经久耐用，颜色有翠绿、赤紫、暗红、黑等十多种，色泽之美居诸砚之首。北宋著名词人张文潜在答谢黄庭坚赠他洮砚的诗中赞美道：“明窗试墨吐秀润，端溪歙州无此色。”北宋诗人晁无咎赞美砚石贵如和氏璧，有诗云：“洮河石贵双照壁，汉水鸭头无此色。”大自然中那鲜翠欲滴的绿色展现出一派盎然欣茂的勃勃生机，鸭头上的“鸭绿色”令人眼明心亮怡悦欣喜，绿色是洮石的代表色，洮石不仅色秀而且拥有圭璋之质。

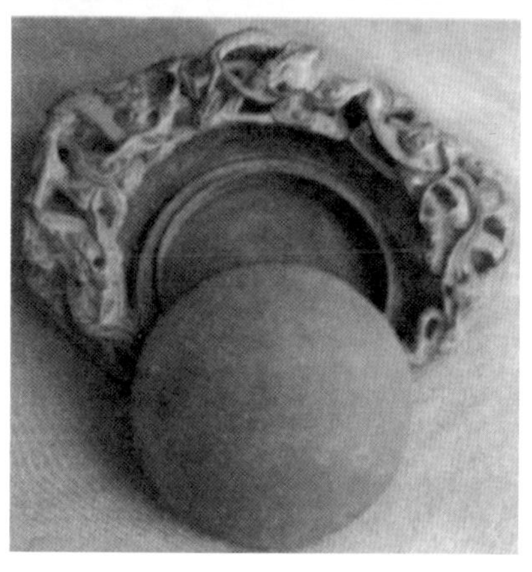

◎ 洮砚三方 ◎

洮石不但色泽美观，而且石上花纹为天然形成，更显神韵。有的如惊涛骇浪，有的如平水微波，有的如云、气、点等多种自然图案，充分地显示出动感。石之美决定了砚之奇，洮石性能卓越优良，洮砚贮水不耗，历寒不冰，涩不留笔，滑不拒笔，发墨快而不损笔毫，贮墨久而味不腐。当代国画大师黄胄赞曰："万古洮石，磨墨为宝。昔日珍品，今日更好。"

洮砚石质细润坚实，泼墨如油不损毫，书写流利生辉，将磨好的墨贮于砚中，经月不涸，又不变质。绿色是洮砚石料的代表色，有墨绿、碧绿、翠绿、淡绿、灰绿等色相。其中最上品为绿漪石，俗称"鸭头绿"，其次为"鹦哥绿"和"柳叶青"。带有黄标者更为名贵，故有"洮砚贵如何，黄标带绿波"之说。宋代书法家米芾著《砚史》云："石理涩可砺刃，绿色如朝衣，深者亦可爱。"洮砚石之上品，叩之有清越铿亮之声，着水磨墨，相恋不舍，但觉细腻，不闻磨声。作为砚石，肌理细润而坚密可谓之"道德高尚"，发墨快而不损笔毫可谓"才能出众"，滋津润朗贮墨不干可谓"品格高雅"；绿质黄章、色泽雅丽可谓"容貌灵秀"。因此，洮砚在砚林中可谓德、才、品、貌俱全，无与伦比。

洮砚工艺精巧，匠心独运，雅致大方。名砚的德、才出自天，洮砚或许在材质上占珍贵在先，但石刻讲求制作工艺。洮砚经砚工精心设计，继承了带盖、透雕的传统工艺，以龙凤、花卉、山水、人物为纹样，用地方名胜景物图案或书法篆刻为雕饰，加之古钟、古鼎、古琴、古钱等为外形，经精雕细刻，或山水、人物，或翎毛、花卉，或名人诗句镌于砚首砚面，既玲珑剔透，又古朴典雅，浑然一体，达到了造型典雅又实用的完美效果，不但令使用者如意称心，且陈之案头不失为兴神悦目之雅物，再配以精制锦缎，木胎大漆雕填，核桃木素面的砚盒，可谓精妙绝伦。

二、端砚

端砚出产于唐代的端州，在古时已十分名贵，现在更因几大名坑砚材枯竭封坑、砚资源越来越少而愈加名贵。汉族传统文化中的文房四宝，砚为其一。我国的四大名砚中，尤以广东端砚为最。端砚以石质坚实、润滑、细腻、娇嫩而驰名于世，用端砚研墨不滞，发墨快，研出的墨汁细滑，书写流畅不损笔毫，字迹颜色经久不变。端砚若佳，砚心湛蓝墨绿，无论是酷暑还是严冬，用手按砚心，水汽久久不干，故古人有“呵气研墨”之说。宋朝著名诗人张九成曾赋诗赞道：“端溪古砚天下奇，紫花夜半吐虹霓。”

制作端砚的砚石是在唐武德年间发现的。端石石质优良、细腻滋润，具有发墨不伤毫和呵气可研墨的特点。端石中的佳品长年浸于水中，温润如玉，《端溪砚史》称其“体重而轻，质刚而柔，摩之寂寂无纤响，按之如小儿肌肤，温软嫩而不滑”。歙砚和端砚齐名，而端砚又较歙砚为佳，据说历代皆采自于端溪，到南唐李后主时端溪石已竭，不得已才采用次之的歙石。端砚有“群砚之首”的称誉，为砚中上品。

端石尤以老坑、麻子坑和坑仔岩三地的砚石为最佳，采集端石的地方分下岩、中岩、上岩、龙岩、蚌坑等。下岩在山底，终年浸水，而砚石贵润，所以下岩质量最佳。但浸在水里的下岩想开采可不容易，只有每年秋冬河水降低之时才可进入，潭水无出口，须70个人排排坐，一个个将装水的瓮往上传至岩口，如此月余，潭水始得涸，才能进入取石。待到春天水涨，则又得重新来过。下岩到北宋时已开采净尽，明代以后另辟的新坑只有中岩和上岩，质量就没有那么好了。端石石品繁多，真正好的名贵石品也是难得的。端石的开采非常艰巨，采砚石无法机械化操作，只能以手工为主。历代采石工人都是按石脉走向，顺其自然地向深层采掘，从接缝处下凿，采出来的砚石如能有三四成可用已属难得。坑道向下倾斜、曲折蜿蜒，工人进出要弯腰下蹲，有些地段仅能容一人裸体匍匐爬行。古人云：“老坑匍匐仔坑斜，采石人同隔世赊。刈取紫云烦镂削，千金一砍未为奢。”宋代文学家、书法家苏东坡在《端溪铭》中说：“千夫挽绠，百夫运斤，篝火下缒，以出斯珍。”

端砚之所以名贵，除了石质特别幼嫩、纯净、细腻、滋润、坚实、严密，制成的端砚具有呵气可研墨、发墨不损毫、冬天不结冰的特色外，还与其开采、制作的艰辛有关。一方端砚的问世，要经过探测、开凿、运输、选料、整璞、设计、雕刻、打磨、洗涤、配装等十多种艰辛而精细的工序，才能使其造型式样多姿多彩，身价倍增。

◎ 端砚 ◎

端砚有一个特征，就是“有眼”，其实所谓“眼”便是砚上石纹，倒不一定和质量相关。按其形而定名，有鸲鹆眼、乌鸦眼、鹦哥眼、象眼等；按其神态之分，有活眼、泪眼、瞎眼、死眼等，还有高眼、低眼、底眼之分，最上为活眼，再来是泪眼、死眼等。据说是石嫩则眼多，石老则眼少，所以也有以眼来分质量优劣的。石眼在端石砚雕刻艺术中起着装饰美化作用，具有欣赏价值，被文人视为珍宝。古代文人认为石眼代表了端石质地高洁、细润有神的特点，犹如人的眼睛，别具一格，以此为鉴别端石质量高低的标准。其实，石眼对端石没有价值上的直接影响，只不过起了装饰效果，令古人称宝，视为珍藏。从审美的角度来说，写字时多个水灵灵的眼可增加砚的观赏性。但如果长出眼的地方不好，影响磨墨，却不如不要的好。

另外，端石的颜色也被视为与质量有关。端石有紫、青、白等颜色，其中以白色最佳，紫色最下。端砚的石质能达到致密、坚实、幼嫩、滋润，与端砚的石品有着密不可分的关系。只要是砚石质地致密、坚实、幼嫩、润滑，就能成为一方好砚材。“鱼脑冻”是端砚名贵石品之一，因形似受冻的鱼脑而得名，其质细腻、幼嫩、滋润，一般产于水岩。清吴兰修《端溪砚史》中记载：“一种生气，团团圞圞，如澄潭月样者，曰鱼脑冻。”“青花”也是一种名贵的石品，其纹呈青黑色，但必须以水湿石，方能辨识清楚。古人云：“青花之细，视之无形，沉入水中，方清晰可见。”“蕉叶白”也是端石名品之一，特征是如蕉叶初展，含露欲滴，四周大多有紫红色的火捺，石质较软，易于发墨，主要产于老坑。除上述之外，端石中还有天青、火捺、猪肝冻、金星点、金银线、冰纹等品名。

端砚的制作过程工序繁多，较为复杂，主要有采石、维料、制璞、雕刻、配合、打磨（即磨光）、上蜡等工艺过程。清代端砚要求因材施艺，因石构图，在题材、立意、构图、造型上以及选用何种雕法都要精心推敲，刻画得当，保持了端砚古雅朴实、形态自然的特点。故宫博物院收藏的“端石双龙砚”和“猫蝶砚”是端砚中的佳品。

三、歙砚

歙砚为中国四大名砚之一，又称“龙尾砚”“婺源砚”，产于安徽。歙砚的特点是色如碧云，声如金石，温润如玉，墨峦浮艳。歙砚的品种有罗纹、眉子、金星、银星、古屏、玉带、紫云等多种，尤以罗纹、眉子为上品。

歙砚始于唐开元年间，据宋洪迈《歙砚谱》记载，唐开元年间，叶姓猎人逐兽至长城里，见叠石如城，莹洁可爱，携归成砚，自始歙砚名闻天下。据五代陶谷《清异录》记载，唐开元二年（714年），玄宗李隆基赐宰相张文蔚、杨涉等人歙砚各一。

歙砚石质优良，莹润细密，有“坚、润、柔、健、细、腻、洁、美”八德。歙砚的名砚有眉子砚、龙潭石砚、金星砚、庙前青石砚、歙红砚等。歙砚闻名是在南唐，由于歙砚石色青莹、石理缜密，坚润如玉，磨墨无声，深得南唐中主李璟的喜爱，故在歙州设置了砚务，并选砚工高手李少微为砚务官，专门搜罗佳石，为御府造砚，之后南唐后主李煜所用的龙尾石砚成为天下砚台之冠。歙砚石质坚密细腻，色黑深沉，纹理自然，以青黑多金星者为上品。宋代大书法家米芾曾得到一方长约尺余的歙砚，砚前刻有山峰36座，大小间错、延伸至边，当中琢成砚池，池中碧水荡漾，妙趣横生，他竟然以此砚换得苏仲泰的一座豪华宅邸。

◎ 歙砚 ◎

歙砚的制作材料被称为歙石或歙砚石，一般需要5亿～10亿年的地质变化才能形成，其中最适合制砚的是轻度风化千枚岩的板岩。其主要矿物成分为绢云母、石英、黄铁矿、磁黄铁矿、褐铁矿、炭质等，粒度0.001毫米～0.005毫米，比重2.81～2.94，主要砚锋为片状砚锋。歙砚石的花纹结构十分突出，分为鱼子纹、罗纹、金晕纹、眉纹、刷丝纹等类型。由于其矿物粒度细，微粒石英分布均匀，故有发墨益毫、滑不拒笔、涩不滞笔的效果，受到历代书法家的称赞。浮雕、浅浮雕、半圆雕等手法是歙砚的工艺风格和特点。

歙砚石品很多，眉纹是歙砚石中花纹之一，形状如人画眉，遍地成对。按其石纹可分为七种，其中以雁湖和对眉子最佳。歙石中还有罗纹，是指石纹如丝罗形状，可分为金花罗纹、算子罗纹、松纹罗纹等。金星也是歙石的一个品种，是砚石中融有谷粒的结晶物，撒布砚面，在光线照耀下，熠熠发光，犹如天空星斗。金星久研磨而不褪，且越磨越亮，是歙砚中的佳品。

歙砚向来为历代文人所称道。南唐后主李煜说“歙砚甲天下”，苏东坡评“涩不留笔，滑不拒墨，瓜肤而縠理，金声而玉德”，米芾说“金星宋砚，其质坚丽，呵气生云，贮水不涸”。2004年9月，中国轻工联合会和中国文房四宝协会授予歙县“中国歙砚之乡”的荣誉称号。

歙砚的制作与端砚的制作差不多，其造型多样，设计美观大方。故宫博物院收藏的“歙石竹节砚”和“歙石鱼子竹节砚”都是歙砚中的佳品。

四、澄泥砚

澄泥砚是中国传统书法用具之一，始于汉，盛于唐、宋。与端砚、歙砚、洮砚并称为“四大名砚”。

澄泥砚以沉淀千年的黄河渍泥为原料，经特殊炉火烧炼而成，质坚耐磨，观若碧玉，抚若童肌，贮墨不涸，积墨不腐，历寒不冰，呵气可研，不伤笔，不损毫，备受历代帝王、文人雅士所推崇，在唐、宋皆为贡品，清朝乾隆皇帝赞其“抚如石，呵生津”。绛州汾河湾的泥质干、强度偏高，手感滑腻、无砂，可塑性高、韧性强，这也从一个侧面说明

◎ 澄泥砚 ◎

为什么绛州澄泥砚能以唯一的非石质砚跻身中国四大名砚之中。砚的实用功能是磨墨，最根本的要求就是要细腻滋润、容易发墨，并且墨汁细匀而无杂质。在同样的硬度下，由于澄泥砚是用泥土烧制，研磨后砚面的光滑度肯定会逊于石砚，但同时也增加了澄泥砚的滑动摩擦系数，也就是说，澄泥砚比同等硬度的石砚发墨程度要好。澄泥砚由于使用经过澄洗的细泥作为原料加工烧制而成，因此澄泥砚质地细腻，犹如婴儿皮肤一般，而且澄泥砚具有贮水不涸、历寒不冰、滋润胜水、发墨快而不损笔毫的特点，堪与石质佳砚相媲美，实乃砚中一绝。

澄泥砚的颜色以“朱砂红”“鳝鱼黄”“蟹壳青”“豆绿砂”“檀香紫”为上乘，其中尤以“朱砂红”“鳝鱼黄”最为名贵。澄泥砚不施彩釉，采用科学周密的原料配方，精心用药物熏蒸，以特殊炉火烧炼，使之自然窑变。同窑之中的澄泥砚幻变神奇、色彩各异，无不巧夺天工，不但保持了史书记载的名贵颜色，而且烧制出石砚从未有过的花石纹，其纹理天成，美妙多姿，令人叹为观止。经专家评鉴确认，完全具备石砚“泽若美玉、击若钟磬、易发墨、不伤笔、冬不冻、夏不枯、写字作画虫不蛀”等特点。

澄泥砚的制作需经过几十道工序。首先，将采掘来的河泥放置在一个绢制的箩中过滤（古法是将一种特制的双层绢袋吊挂于汾河中，河水中裹带的泥沙流入绢袋中，经第一层绢袋过滤后，沉入第二层绢袋的细泥即是澄泥。澄泥砚之名也由此而来。随着时代的变迁，汾河的水流量和流速都起了很大的变化，现在完全遵守古法已不可能），再将滤制出的澄泥放置一年以上的时间，历经冬夏以去其燥性才能使用。澄泥砚可以说是“取之于水，而成之于火”。

我国地大物博，除洮、端、歙石外可以用于制砚的石料分布于全国各地，种类也很多。许多地方均有制砚的历史，也出产过著名的石砚，这些石砚品质精良，各具特色，只是名气没有四大名砚那么大，其中佼佼者有：

1. 红丝石砚

山东红丝石砚为鲁砚代表，以其质地嫩润、护毫发墨、色泽华缛、瑰丽多姿而被称为中国名砚之一。

2. 苴却砚

四川苴却砚，石质温润如玉、嫩而不滑，叩之有铮铮金石声、抚之如婴孩肌肤般细腻温润者为上品，颜色以紫黑澄凝为最佳。

3. 贺兰砚

宁夏贺兰砚采用贺兰石，呈天然褐紫、豆绿两色相互辉映，色彩鲜明，对比十分强烈。雕刻艺人因石制宜，精心用料，雕出千姿百态的贺兰砚。

4. 思州石砚

贵州思州石砚相传产于汉代前期，有独特的民族风格和地方特色。

5. 松花御砚

吉林省松花御砚长期以来一直为清代宫廷专用，随着清朝覆灭，这一名贵砚石失传，直到1979年才得以恢复生产。

6. 易水石砚

河北易水石砚石质细腻，易于发墨，雕刻古朴，为历代书法家和收藏家所珍爱。近年来，易水石砚出现了前所未有的收藏热潮。

以上这六种石砚，与四大名砚合称为“中国十大名砚”。此外，山东的紫金石砚和龟石砚，大汶口一带的燕子石砚，即墨的田横石砚和温石砚，蓬莱的砣矶石砚，临沂的薛南山石砚和徐公石砚，曲阜的尼山石砚，河南济源的天坛砚，安徽宿县的乐石砚，江西修水的赭砚，四川合川的嘉岭峡石砚，甘肃嘉峪关的嘉峪石砚，浙江江山的西砚，湖南湘西的水冲砚等石砚也都很有名。

从新石器时期的仰韶文化开始，砚文化就产生、应用并发展至今。砚文化溯古通今，源远流长，是中华文化的重要组成部分，也是中华文化产生、发展、传承的重要载体，更是促进中国文化传播、交流和发展的重要工具。在世界历史的长河中，没有哪一个民族的文化像中华民族的文化那样与书写工具有着密切的关系，也没有哪一个时期的文人像中国古代的文人那样把自己的书写工具视为自己的生命和密友。中国文人用文房四宝来传达自己的思想、文化、生活和感情，成就了不朽的事业。砚文化对于传承中华文明、表达中国古代文人的思想以及呈现中国古代社会生活历史场景，都具有重要的历史作用。因此，砚文化是中华文明得以延续和传承的重要载体，是中华文明得以丰富多彩的重要条件。

第三节

历史上的潭柘紫石砚

除澄泥砚外，名砚多是用名石制作的，例如四大名砚之一的端砚，必须是用广东肇庆端溪老坑所产石料制作的才算是正宗。制作潭柘紫石砚所用紫石也是如此，所用紫石以出产于京西潭柘寺附近老虎山官塘老坑的为最佳。潭柘紫石砚的名气虽然没有四大名砚那么大，但它也有着非同一般的高贵的地位，与皇家有着密切的关系。紫色在封建社会时有着崇高的地位，为了稳固皇权统治，历朝都宣扬皇帝是受命于天，是天上的紫微星下界，故而称“天子”，紫色也就成了皇家御用的颜色，皇宫被称为“紫禁城”，皇帝对下属的赏赐称为“赐紫”。因此，紫色的石头也就身份显赫了。

◎ 古紫石砚 ◎

据故宫博物院资料记载，明代所建奉天殿皇帝宝座的基座使用的就是产自京西潭柘寺附近的老虎山的紫石。此外，殿前铜龟铜鹤的底座、乾隆花园的围杆栏板中的九根立柱也是用紫石雕琢而成，所用的这些紫石，也出产于潭柘寺老虎山。

民间传说，潭柘紫石砚的出现与千年古刹潭柘寺有关。据说，在古时候，潭柘寺内有个小和尚，才华横溢，爱好书画，因为穷，买不到好的砚台，就到寺外的荒山野谷中去寻找能够制砚的石料，想自己制作一方砚台。功夫不负有心人，一天他在老虎山下的溪水中拾得一块紫石，感觉石块细腻、晶莹温润，就拿回来自己制作砚台。小和尚几乎用了一年的时间，制作了一方“双龙砚”，用来习练书画，发现这方自制的石砚发墨如油，不损笔毫、不吸水，且经久耐用。他用这方砚台抄写佛经，写了许多字，非常顺手，因而爱如至宝，时常高呼“宝砚也”。这件事惊动了寺内的和尚和往来的香客，很快地传遍了京城，人们纷纷来到老虎山寻宝，希望能够得到好的紫石砚材。朝廷为了保护西山风景，保护皇家寺院潭柘寺的风水，将那里列为禁区，防止乱挖乱采，实际上是把这一资源据为已有。

据故宫博物院所存的史料记载，明正统年间，奉天殿大修，明英宗派内官监何姓太监，带领一干人马到京西马鞍山紫石产地开塘采石。何太监来到紫石产地老虎山，放罗盘定方位，勘测地形，圈定紫石矿址，定界立碑（此碑至今尚存）。碑上刻有“内官监紫石官塘界，钦差提督

◎ 明代立开采紫石料石碑 ◎

马鞍山兼管理工程太监何立”。为了使闲杂人等不得入内，特派重兵把守，并在采石场修筑了监工台。当时选定了两处露天开采矿址，其中一处为凿洞采掘，采石矿洞的洞口处刻有“紫石塘”三个大字，文字至今仍存。当时的老虎山采石工地现场紧张施工，紫石源源不断从此地运往京城皇宫。

一日，何太监偶然发现工匠们所采潭柘紫石石质非常细腻，抚之如幼儿柔肤，敲击有金属声音，颜色深紫，间有绿色条纹。何太监慧眼识宝，知道这是制作砚台的上乘原料，不次于制作端砚的端溪老坑石料，即命令工匠制成石砚，送往宫中，请皇上御览。潭柘紫石砚凝重典雅，紫光习习，似紫气东来，明英宗试用后大悦。从此之后，皇宫内院就留下了紫石砚的珍迹，潭柘紫石砚一时之间成了文人雅士争相收藏的珍宝。

由于潭柘紫石被皇家所独占，不准许民间开采，民间逐渐失去了潭柘紫石砚的身影。到了清代，老虎山依然还是禁区，民间依然得不到这种宝贵的石料，因而潭柘紫石砚在民间消失了570多年。阳坡园村里的老人说，（老虎山石料场）那个地方不敢去，去了是要杀头的。

潭柘紫石砚的制作和使用究竟始于何时，中国古代论砚的著作如《砚史》《砚笺》《古砚论》《砚林》《说砚》中，都没有相关记载。文字资料的匮乏，给研究潭柘紫石砚的历史造成了一定的困难。1982年5月，中国宝玉石鉴定检测协会副会长栾秉璈先生率领一批北京地质大学的毕业生，到发现潭柘紫石的门头沟区潭柘寺后山进行地质考察时，在阳坡园村碑子石地块儿，发现了明正统年间刻立的“紫石塘界碑”，碑文内容如下：“内官监紫石官塘界，钦差提督马鞍山兼管理工程太监何立。”这个碑文并没有准确地表述这里开发的紫石是用来制砚的，更没有说是用来制作宫廷御用文房用品的，而且现在北京太和殿有用潭柘紫石作为基座石的存在，更容易让人联想到当时开采潭柘紫石可能是用来做建筑工程用料，而并非是制作砚台用的。但是故宫博物院的资料表明，当时何太监确实用潭柘紫石制成砚台进献给皇帝，造办处在当时开办了制砚作坊，为皇家制作砚台，现在故宫博物院还存有几十方精美的潭柘紫石砚，证明潭柘紫石砚确实曾作为皇家御砚。因此，可以推断出潭柘紫石的制砚年代，最迟是在明正统年间，这一说法也就成了通说。

然而，对历史文物进行研究，不能仅仅依靠文字记载，考古发掘出来的出土文物，是更有说服力的实物证据。近年来，在北京许多建筑工地的施工中，都出土过潭柘紫石砚。出土的紫石砚以明代的居多，但其中也不乏金、元时期的紫石砚标本。由此可以推断出，早在金代北京地区就已经制作和使用潭柘紫石砚了，在明代北京地区潭柘紫石砚的制作技艺已经相当成熟，使用已经相当普遍了。

有网友收集了历年出土的多方古代潭柘紫石砚的标本。如东城香饵胡同出土的残长16厘米、宽6.5厘米、高2厘米的潭柘紫石砚，砚堂起筋线一周，砚底抄手较浅，砚表面有墨锈，附着牢固，有宋砚之风；武定侯胡同出土的残砚；元大都光熙门遗址采集的残砚；白塔寺出土的长方形小砚等。

除此之外，在平安大道、郭沫若故居土儿胡同、东直门内大街北侧、南长街、通州古城，以及通州运河里等地，也都有潭柘紫石砚残块出土。其中最重要的是在右安门一处建筑工地金代地层中出土的一方潭柘紫石砚残体，残长14厘米，残宽11厘米，残高3厘米。这只是石砚的一小部分，缺失砚头和大部分后部，残片前窄后宽底空，略呈梯形，可以判断这是一方抄手砚。这方紫石砚的砚堂磨出了很深的凹坑，砚堂到前面的砚池有圆弧状下坡的过渡，墨锈自然陈老，贴附极为紧密。

从式样判断，这方紫石砚具有比较明显的宋砚的特征。从截面石理的特征来看，这方略呈灰色的紫石砚在触摸时具有潭柘紫石独有的滑腻感（和它外观相似的端砚，则没有这个感觉）。和元、明时期的潭柘紫石砚标本相比，这个残砚标本颗粒略粗，略燥，和在门头沟区潭柘寺镇阳坡园村老虎山出产略粗的石料相同。因此可以断定，它是北京独有的潭柘紫石砚。相伴出土的还有宋代的“大观通宝”大钱和金代“大定通宝”钱，可以证明这应是一方金代残砚的标本。而其出土地点的右安门一带在金中都的遗址范围内，也可以作为辅证。

在右安门出土的金代潭柘紫石砚并不是孤证，在北京的牛街、南横街一带都曾出土过具有金代特征的潭柘紫石砚残块标本，证明在金代潭柘紫石就已经被用来制作石砚了。这些紫石砚标本的发现可以证明，在金、元时期，用潭柘紫石制作石砚的技艺已经相当成熟了；到了明代，潭柘紫石砚的使用，在北京地区已经相当普遍了。

这些出土的潭柘紫石砚可以证明，潭柘紫石被用于制作砚台的历史不晚于金代，比通说的潭柘紫石“明代开采用于制砚”在时间上要早得多。

第四节

潭柘紫石砚的重生

潭柘紫石砚原本是一种北京地方砚种，曾广泛流行于北京的民间，后来因为明英宗时期维修奉天殿，需要用紫石做皇帝宝座下的基座，故而明代时盛产紫石料的石料场，即现门头沟区潭柘寺镇阳坡园村老虎山紫石料场被皇家所独占。在开采过程中，又发现这种石料非常适合于制作砚台，于是宫廷内特设了制作紫石砚的工坊，制作紫石砚作为皇家御砚，专为皇帝赏赐给文武勋臣之用。从此之后，紫石砚便在民间逐渐地销声匿迹，到现在已有570多年了。使尘封已久的潭柘紫石砚能够重新面世、重现光彩，立下首功的，当属北京工艺美术行业协会的范旭光先生，他是潭柘紫石砚的发现者，也是制作潭柘紫石砚的倡导者；此外还有北京潭柘紫石砚厂原厂长孔繁明，他是潭柘紫石砚的实际制作者；再有就是中国宝玉石学会的栾秉璈先生，在潭柘紫石砚的试制过程中，他给予了科学的助力，是制作潭柘紫石砚的参与者和实际支持者。除此之外，还有一大批有识之士，为潭柘紫石砚的重新面世给予了有力的支持和帮助，他们都是潭柘紫石砚试制成功的功臣。

一、范旭光慧眼识宝

唐代韩愈的《马说》中有一段名言："世有伯乐，然后有千里马。千里马常有，而伯乐不常有。故虽有名马，祗辱于奴隶人之手，骈死于槽枥之间，不以千里称也。"范旭光先生正是一位像伯乐一样能够慧眼识宝的人，是他发现了潭柘紫石的价值。如果没有范老的慧眼，潭柘紫石至今可能还如同"祗辱于奴隶人之手，骈死于槽枥之间"的名马一样，是散迹于荒野之中的一种不起眼的普通石头。

（一）独具慧眼发现紫石料

20世纪80年代，范老有一次到朋友家去聚会，他偶然发现这位朋友的孩子在用一方自制的紫石砚台在练习书法，同样有此爱好的范老便饶有兴趣地和他聊起天来。范老了解到，这个孩子是在门头沟区潭柘寺公社（1984年改社为乡，1994年改为潭柘寺镇）阳坡园村的插队知青，据他说那里的紫石多得到处都是，就连山坡上垒地阶子都用紫石，当地人管那个地方叫“碑子石地块儿”。范老对这方砚台产生了浓厚的兴趣，拿起来仔细观看，觉得这种石头无论是在颜色上，还是在细腻程度上，都很适合制作砚台。他由此想到，眼下北京的老年大学、书法协会、书法班有几十家之多，随着改革开放的程度不断深入，人们的生活水平不断提高，在物质生活满足以后，人们就要追求丰富的精神生活和文化生活。如果能够利用北京当地的自然资源，把紫石做成砚台，一定会受到人们的喜爱，这种砚台应该是有市场的，不仅可以满足书法爱好者的需求，更重要的是还可以富乡利民。于是，范老就对这位朋友的孩子说先借用这方砚台几天，以此为标本去找紫石，对方爽快地答应了。范老如获至宝，将紫石砚带走了。

1982年4月，范老带着那方紫石砚和几位北京工艺美术行业协会的干部，来到了门头沟区潭柘寺公社阳坡园村做调查研究。他们找到大队部领导，表示想了解紫石产地的地理位置和紫石的分布情况。大队部派了一名向导带领范老一行登上了去往老虎山之路。爬了足有七八里的山路，来到“碑子石地块儿”，这里漫山遍野全是灌木丛及树林，已经无路可走了。

山重水复疑无路，柳暗花明又一村。正在此时，他们忽然发现不远处一个山坡如泥石流冲刷过一般，光秃秃的，碎石撒落得满山坡都是。他们走近前去一看，全是紫石碴及碎块。一行人顺着山坡爬上去，发现山梁上面有两个一人多深的大深坑，足有几百平方米大，坑里面长满了灌木和蒿草，周边岩层上有开采紫石留下的断层痕迹，说明开采时间离现在已经年代久远了。至于如此大规模地开采紫石是作何用途，又运往何处，向导也一概不知。

范老一行带上几块从这里采集到的紫石回到了村里，想详细了解一下历史上在此地山上采石的缘由，结果无人知晓。大队干部帮忙找来了几位村中最年长的90多岁的老人，老人家只说“小时候，大人就不让我们去碑子石山上去玩儿，去了是要掉脑袋的”，其他的情况就什么也不知道了。范老一行人只得带着满腹的疑问回到了北京工艺美术行业协会。

在协会里，几个人仍在议论关于紫石的那些没有答案的问题，有一个人向范老提出，可以让中国老年书画研究会的专家和教授帮忙看看这种紫石是否能制作砚台。

著名书画家吴作人、董寿平、启功、黄胄、肖劳等都是研究会的成员。范老将紫石带到中国老年书画研究会，请有关专家们斟酌。专家们经过一番研讨之后，一致认为这种紫石的品质非常好，可以做砚台，不过还应该对紫石进行详细调查了解。

根据专家们的建议，范老来到中国地质博物馆，向这里的领导说明了自己了解到的一些情况，请求专业机构进行协助。他拿出自己采集来的紫石和那名知青自制的紫石砚样品，供几位专家进行认真细致的观察。专家们经过认真的研究之后，给予了范老肯定的答复。此事引起博物馆领导的高度重视，当时就决定派几名地质大学新分配来的学生进行一次实践活动，请高级工程师、宝石专家栾秉璈先生带队，组成一支考察队，把考察这种紫石料作为专业课题，去到紫石产地现场进行社会调查及地形地貌勘测，得出结论后供北京工艺美术行业协会参考。

（二）坎坷试制路

不久，高级工程师、宝石专家栾秉璈带领几名地质大学毕业的学生，亲赴紫石产地老虎山（老虎山原在贵石村界内，20世纪60年代末贵石村搬迁到永定公社稻地，山场及部分土地划给阳坡园村）进行实地考察，他们找到了明代开采紫石的官塘老坑，并用科学方法对这里所产的紫石进行了分析。鉴定结果表明，这种石料的质量不次于制造端砚的端石，是制作石砚的上好材料。

专家们对潭柘紫石的鉴定是科学的依据，这就更增加了范老开发紫石砚的决心，他决定，先搞一车紫石，找一家玉器厂先试制一批砚台样品。1982年6月，范老与北京玉器厂领导协商后，从北京工艺美术行业协会抽调了几名干部，负责去门头沟区潭柘寺公社阳坡园村联系，由村领导派劳动力到山上去采集紫石料，用毛驴驮到公路边，北京工艺美术行业协会按照协商好的价格进行收购，然后再装汽车运回来。

第一车紫石卸到了北京玉器厂料场，等待用于试制紫石砚样品。范老多次派人到厂催促他们试制紫石砚，但因该厂出口任务繁重，顾不上做砚台，试制紫石砚的事情就这样被拖了下来。等到年底时玉器厂的料场进新玉石料，需要清理场地，铲车司机不知道堆放在料场的这堆紫石是做什么用的，就当作废石料装上垃圾车，送到垃圾填埋场去了，第一次制作紫石砚的尝试就这样泡汤了。

1983年5月，范老与顺义县（今顺义区）的领导商定好，到马坡村玉器厂第二次试制紫石砚。他派了两位轻车熟路的干部又去潭柘寺阳坡园村联系开采紫石，把第二车紫石送到了马坡村玉器厂。在半年多时间里，北京工艺美术行业协会派人多次了解紫石砚试制情况，但却毫无进展。原来当时这里的农村干部有个不成文的规定，每年的年底玉器厂都要进行换届选举，原来的厂长卸任，如果来年选上了，那就继续再干；如果没选上，那就要换新厂长了。新上任的厂长不知这些紫色的石头堆放在院内是干什么用的，就把这些宝贵的紫石料垒进院墙的地基里了。等北京工艺美术行业协会的人再来的时候，紫石已经不见了。

虽然经过了两次的挫折，但范老并没有因此而灰心丧气，他要求再重新安排一家玉器厂，继续试制紫石砚，这项工作被落实到了后沙峪村玉器厂头上。1984年5月，第三车紫石卸到了后沙峪村玉器厂的院子中心。转眼到了雨季，由于一车紫石都卸在了场地内的低洼处，下雨之后院内积水，紫石料全都浸泡在了水坑里，协会来人催试制紫石砚，只能等到积水干涸以后再来看试制紫石砚的情况了。当年8月，该厂扩大规模，进行车间改建，在平整场地的时候将紫石埋在了地底下，紫石砚的试制又一次夭折了。

三次试制三次失败，1985年春，北京工艺美术行业协会在研究工作时，有人提出了能否在门头沟找一家工厂试制。紫石就产在门头沟，企业可以自己进山去开采。范老采纳了这个建议，经过与门头沟区经委和企业局联系，选定了门头沟兰龙玉器厂进行试制。在三个月的时间里，该厂试制出了两方仿宫廷御砚。但在汇报时厂家提出，一年后才能再进行试制，因为兰龙玉器厂与外贸签了出口合同，要先完成，紫石砚的试制工作就这样又搁浅了。

转眼到了1986年，国家开始实施振兴农村经济的“星火计划”。范老在中国老年书画研究协会遇到了老朋友、北京市科委三处处长杨克同志，二人谈起了试制紫石砚的艰辛。范老提出，能否把试制紫石砚列入北京市的星火计划项目，杨克向陆宇澄主任进行书面汇报后，陆宇澄主任很快就同意了将试制紫石砚列入星火计划，并且具体指示前两年可以先列入门头沟区的星火计划，然后再列入市级的星火计划。得到了市科委的支持，试制紫石砚的工作就有了保障，此后，北京市科委通过门头沟区科委找到了门头沟的九龙玉器厂。

二、孔繁明勇挑重担

孔繁明当时任门头沟九龙玉器厂的厂长，他听完了科委领导介绍试制紫石砚的项目之后，考虑到接受这个项目有两个有利条件：一是制作紫石砚的原材料就产在潭柘寺附近的山上，原材料有保证；二是这是市里有关领导直接关心的星火计划项目，可以享受优惠政策。孔繁明经过缜密的考虑后认为，这个项目很有可行性，所以当时就表示愿意承担下来，一定把紫石砚试制成功，而且还要搞出点儿名堂来。

回到厂里之后，孔繁明立即召开支委会通报情况，大家一致同意接受试制紫石砚的任务。第二天，他们兵分两路，孔繁明带六人去故宫博物院文房四宝馆参观，副厂长带六人去潭柘寺阳坡园山上去找紫石料。先期的准备工作做好了之后，他们立刻上报给市科委，经市科委确认后，他们决定到山上自己开采紫石料。

孔繁明一行十几个人找到了一处古代开采紫石料的矿洞，洞口刻有“紫石塘”字样。由于年代久远，洞内岩石层风化严重，随时都有塌方的危险。为了避免伤害群众，孔繁明决定，由共产党员进到洞内，群众在洞口外边。他一个人最先进入到了洞内，随后有四名党员跟进了洞内。他们把撬下来的紫石用绳子拴好，让洞外的群众往外拉。就这样，他们冒着生命危险开采了四天，渴了就喝几口附近的山泉水，饿了就啃上几口干粮。他们雇用村里的毛驴，将开采到的紫石驮运到公路边，然后再用汽车运回厂。

◎ 孔繁明（右四）带玉雕师傅及职工到石碑附近考察采矿预案后在石碑前与大家合影 ◎

遵照星火计划领导小组的建议和安排，今后要建北京潭柘紫石砚厂，形成规模生产，就必须要对潭柘紫石的储量做一个全面的勘测。在宝石专家栾秉璈的带领下，孔繁明和副厂长等四人对门头沟地区产紫石的二叠纪红庙岭组地层进行了全区性的勘察，利用北京矿务局118队的地质钻探资料和认真观察岩石断层与军工铁路涵洞断层所得的资料，来确定哪些地方的紫石是属于沉积岩。经勘察得知，潭柘寺乡赵家台、阳坡园地区，北岭地区花沟、瓜草地等地的紫石都属于沉积岩紫石，还证明了紫石是叶腊石的盆底。此外，军庄地区、斋堂爨底下地区、田庄的淤白地区，也都蕴藏有沉积岩紫石，这说明门头沟区的沉积岩紫石的储藏量是很丰富的。大台地区、下苇甸地区、妙峰山地区的紫石则属于火成岩，是不适合制作砚台的紫石，但可以制作工艺品，如镇尺、工艺笔架、墨床、水盂等。

孔繁明等人与栾秉璈在门头沟的大山中陆续勘察了50多天。在数九隆冬的严寒之际，他们踏积雪，斗严寒，为了把潭柘紫石砚试制成功而努力工作着。有一次，考察人员去北岭地区花沟时，阴坡积雪较厚，积雪下面有一股泉水向陡坡的山崖流去，在这里形成了一道五米多宽的冰川。在泉边有一处较平一点儿的地方可以通行，是必经之路，考察人员只好慢慢地从冰面上横穿过去。当走到一半的时候，栾秉璈脚下一滑摔倒，顿时向下滑去。孔繁明一看情况不好，抢前一步抓住了栾秉璈的衣服，霎时也被惯性带倒了，转眼间，他们就向下滑落了40多米。直到栾秉璈顺势抓住了一丛榆树墩的树枝，同时用身体把孔繁明挡住了，二人这才转危为安。他们让另外两个人找来尼龙绳和锤子放下来，二人将绳子拴在腰间，用锤子凿出脚窝，一步一步连拉带拽地爬了上来。孔繁明说，他以后很长时间里回想起这件事来还是很后怕。

制作紫石砚的第一步就是先要将不规则的紫石切成制砚厚度的片状，几十斤重的紫石无法在磨玉机上加工，他们只好找来了自家的木工手锯切割紫石，十几个来回锯齿就磨没了，换了十几根锯条才切开了一块紫石。就这样，好不容易才锯出了20多块可做砚台的石料来。

孔繁明派绘画好的师傅和职工到琉璃厂荣宝斋等文房用品店去画图样，然后再按图样画在紫石上，用刀子手工进行雕刻，经过一个多月的努力，总算试制出了28方紫石砚。孔繁明立刻通知区科委，请市领导来厂鉴赏紫石砚新产品。

三、栾秉璈科学助力

1988年9月，邓小平同志指出："科学技术是第一生产力。"事实证明，没有科学技术的支持，潭柘紫石砚是不会重新面世的。在潭柘紫石砚研发的过程中，给予科技支持的就是高级工程师宝石专家、中国宝玉石鉴定检测协会副会长栾秉璈。

1982年5月，受中国地质博物馆的派遣，栾秉璈带领着几名地质大学毕业的学生组成的专家考察组一行九人，带着相关的资料以及相关的设备，来到了潭柘寺阳坡园碑子石地块儿，对紫石产地进行考察。

经考察，此处山体属于二叠纪红庙岭地层组。从地形上看应该叫马鞍山，属太行山山脉燕山系。队员们一字排开，拉开距离，从山下向山上逐步推进。在第六天的时候，考察已进行到离碑子石地块儿几百米远的山坡上了，一个队员发现了一块大石头，上面还立着一块石头。

栾秉璈仔细观看后发现这是一块石碑，上面隐约还刻着字。有队员掏出粉笔来，按着模糊的笔画描着，石碑上一共24个字，竖排分两行排列，第一排为"内宫监紫石官塘界"，第二排为"钦差提督马鞍山兼管理工程太监何立"。大家被眼前的一幕震惊了，经过丈量，此石碑长4.5米，宽3.2米，高出地面1.65米。这是生长在沟涧旁的一块自然石，当时是在该石上面中间位置横着凿出一道石槽，再把刻好字的碑石镶进去。该石与碑石都属于花岗岩，比较坚硬，不容易风化。栾秉璈分析，碑子石地块可能就是因此得名的。

在此后的几天，他们又在石碑的西南部山梁上，直线距离600米外，发现了两处露天开采紫石的深坑，每个坑都有200多平方米，三四米深的坑内长满了树木及灌木丛，但断层可以看清楚，又有向山下滚动紫石碎块撒落到山坡上，像泥石流一样。在采紫石坑的西部山洼300多米处，又发现了一个岩洞，洞口高4米多，洞口右侧还刻有"紫石塘"三个大字，说明该洞也是开采紫石凿出来的，深度有十几米。在离两个采石坑右上方200米处，又发现了一个用石头砌成的平台，有200多平方米。在此处可以看到两个采石现场和石碑的位置。

考察队一行成果显著，可以说是不虚此行。在他们采集的石样标本中，有紫石和乳白色、乳黄色石，经专家鉴定为紫石和叶腊石，都属于页岩类。

有关钦差石碑及开采紫石原产地的发现，需要请故宫博物院协助考证，才能定案。于是范老带着中国地质博物馆反馈的资料以及自己的几个疑问，找到了故宫博物院副院长杨伯达，请求他们进行历史考证。杨副院长责成历史组的李久芳组长负责对此进行认真查证。十几天之后，得出了结论：在明正统年间，宫廷确实在京西马鞍山（老虎山属于马鞍山的一部分）开采过紫石，所立的石碑与碑文内容，与故宫博物院的原始记载吻合。对开采几处资料上没有记载，山上所建的平台是"监工台”，是当时钦差和官吏们在此处监督瞭望、指挥、运输等办公之地。至此，范老感到像完成一项历史使命一样欣慰。

（注：2014年，闫洪贵先生在紫石塘界碑南面发现一块巨石，当地人因形称其为“棺材石”。在巨石侧面发现了刻有“明嘉靖十四年十一月十二日”的摩崖石刻，比界碑晚了约100年。巧的是，界碑上有“何立”，摩崖石刻上有“周四”，而贵石村老姓即何、周二姓。）

在对潭柘紫石砚科学鉴定过程中，高级工程师宝石专家栾秉璈做了大量细致的工作。从带领大学生们到紫石产地现场勘测发现碑石开始，到通过北京地质研究所对潭柘紫石进行科学化验和光谱分析等一系列科学方法的论证，对化验出的矿物质成分和化学成分做出潭柘紫石料的科学鉴定报告，再与端砚石、歙砚石进行对比，这其中凝注了栾秉璈的大量心血。

四、成功的喜悦

1986年7月26日，九龙玉器厂迎来了第一批贵宾。他们是北京工艺美术行业协会会长范旭光、市科委副主任李唐怡、市科委三处处长杨克、中国老年书画研究会副会长兼办公室主任李永高、中国轻工部对外展览办公室主任苏立功、王府井工艺美术服务部第一任总经理毛金笙、门头沟区常务副区长李清云和门头沟区科委主任杨志国等。

范老代表协会和到场的所有领导向孔繁明表示感谢，并深深给他鞠了一躬。这一礼让孔繁明坚定了克服一切困难也要把紫石砚开发成功的决心。

范老是最早发现潭柘紫石使用价值的人，同时也是试制潭柘紫石砚的倡导者，还有很多关心和支持试制潭柘紫石砚的各级领导同志。孔繁明是试制潭柘紫石砚的实践者，他们虽然工作不同，但是对试制潭柘紫石砚的热情则是相同的。

1986年、1987年，试制紫石砚项目列入了门头沟区星火计划， 1988年又列入了市级星火计划。这一项目为北京市填补了没有制砚业的空白。市政府对这个项目也很重视。为此，市政府还专门为九龙玉器厂聘请了两位在这个领域里的著名专家作为试制潭柘紫石砚的顾问，一位是中国轻工部对外展览办公室主任苏立功同志，另一位是王府井工艺美术世界第一任总经理毛金笙先生，他们都是工艺美术和制砚方面的专家。这两位顾问专门对紫石砚从设计风格到制作技术上给予了专业的技术指导。市科委还给九龙玉器厂提供了两本砚谱，一本是天津博物馆收藏的砚谱，另一本是《陈端友刻砚艺术》，供主要试制人员参考。杨处长说："（试制潭柘紫石砚项目）既然列入了市级星火计划，那就要成立一个领导小组，组长是市科委主任陆宇澄，由我任副组长兼办公室主任，成员有北京工艺美术行业协会会长范旭光、中国老年书画研究会副会长办公室主任李永高、门头沟区常务副区长李清云，门头沟区科委主任杨志国和两位市政府顾问苏立功、毛金笙，九龙玉器厂厂长孔繁明每次都要列席领导小组会议。"

领导们纷纷挥毫，为潭柘紫石砚题词，范旭光的题词是"春华秋实"；李永高所题的是"万紫千红"；苏立功的题词是"紫石砚开发可富乡利民"，毛金笙先生所题的是"质媲端歙"；杨克处长的题词是"京都一绝"。

五、名称的确定

关于名字的重要性，早就有古言佐证，如"名正才能言顺""师出有名"等。名字是个性化的符号，在现代市场上，品牌的起点就是从名字开始的。商品的名称也是如此，一个响亮的，具有个性化、艺术化，包含有深厚文化底蕴的名称容易被人记住，同时也代表着这种商品的质量和品质，对营销有着重要的作用。因此从古至今，无论是经营企业、买卖铺号，还是产品或商品的人，无不重视名字的作用，千方百计地想要起一个好名字，有的甚至不惜重金请人起名字。新恢复的紫石砚也是如此，为了起一个好名字，星火计划领导小组不仅开会研究，而且还邀请了一批我国著名的学者和数名书画家进行过专门的研讨。

根据潭柘紫石砚目前的试制情况，星火计划领导小组研究决定，潭柘紫石砚这个项目既然被列入了星火计划，就应该从长计议，有计划的分步实施。根据紫石砚产品质量的不断提高，几个月后要准备一批砚中优品，陆续赠送给有关专家学者及著名书画家们试用鉴评、题词留念，也请他们在制砚风格及今后发展方向方面，提出宝贵意见。在赠送之前要在紫石砚前面冠名，以区别于故宫博物院收藏的紫石砚名称。好的名字对于产品以后推向市场具有重要的作用，为此，领导小组对这项工作十分重视，他把这项工作交给了九龙玉器厂的厂长，同时也是潭柘紫石砚的试制工作的实践者孔繁明。

孔繁明深知这项工作的重要性，他接受了这项任务之后，苦心思索，围绕着紫石砚起了13个名字，等待下一次开会时向领导们进行汇报。1986年9月18日上午，领导小组成员与中国老年书画研究会的理事们在燕京饭店小会议厅召开座谈会，讨论征求紫石砚冠名的意见和第一批赠送人员。

孔繁明当时汇报了13个冠名方案：宫廷紫石、皇家紫石、京都紫石、燕京紫石、北京紫石、京西紫石、潭柘紫石、北京紫玉、马鞍山紫石、皇宫紫石、潭柘紫玉、大明紫石、华都紫石。

赵朴初先生第一个发言："我看'潭柘紫石'就很好，可以这样理解，因为紫石就产在潭柘寺附近的山上，潭柘寺又是皇家寺院，把中华民族传统文化与佛教文化融为一体，这不是很好吗？用潭柘紫石雕刻的砚台叫'潭柘紫石砚'。"

启功先生第二个发言："我同意赵朴老的意见，今天故宫博物院的李久芳同志没有来，我也以故宫博物院顾问的名义，赞成赵朴老的意见，分析得很有道理，就叫'潭柘紫石砚'吧。"

第三个发言者是周怀民先生，他说："北京能出产这样的好石头，把名字应该叫得响亮一些，我说叫'北京紫玉'。"

座谈会上，多数理事同意赵朴老的建议。杨处长最后总结大家的发言："多数理事同意用'潭柘紫石'冠名，那就叫'潭柘紫石'吧。今后用潭柘紫石雕刻的砚台就叫'潭柘紫石砚'。周老先生只好先保留意见了。"

“潭柘紫石砚”之名就这样诞生了，这个名字是我国的著名书画家们集体定下来的，这在我国的商品中还是第一次，可谓意义非凡。这标志着从此在中国石砚史上又增添了一个新的砚种，虽然没有四大名砚那么久远，但它毕竟是一开始具有皇家霸气的宫廷御砚，身份高贵，并且也得到了故宫博物院专家们的认可。

◎ 宫廷御砚 ◎

六、亮相京城

1987年9月25日，北京市科委、门头沟区政府召开了北京潭柘紫石砚新闻发布会，《人民日报》、北京电视台等40多家新闻媒体记者应邀参加。门头沟区常务副区长李清云郑重地向全世界宣布：“我区成功开发出历史上隐迹570多年中华民族文化遗产潭柘紫石砚，北京市门头沟发现明代紫石砚石料产地，门头沟九龙玉器厂用潭柘紫石雕刻出精美的潭柘紫石砚数百方，准备在北京著名的琉璃厂文化街展出。这是国家实施振兴农村经济的星火计划的产物，是科技人员协调文物部门、地质部门、专家教授、中国老年书画研究会及九龙玉器厂克服各种困难共同努力的科技成果。这一成果为北京市填补了一项空白。在这里，我代表门

◎ 潭柘紫石砚传承人在北京农展馆参加京津冀非物质文化遗产传统手工艺作品设计大赛 ◎

头沟区政府，向所有为潭柘紫石砚做出过贡献的人们和单位，表示衷心的感谢。星星之火，可以燎原，希望九龙玉器厂干部职工不要辜负历史的重托，把潭柘紫石砚产品做好、做细、做精、做大、做强，成为首都文化市场、旅游市场上的一朵新的奇葩。”

会后，各大报刊在显著位置对此事进行了报道，电视台在第一时间播出了发布会的实况，《中国地质报》在头版显著位置刊登了名为《京西发现明代宫廷开采紫石遗址》的大标题新闻报道，全国各地报刊都纷纷转载了这一消息。这一消息很快就传遍了北京的书画界，并且受到了文房四宝的爱好者的重视，很多人都想得到一块潭柘紫石砚。

1987年10月6日，北京潭柘紫石砚展览会在琉璃厂文化街艺苑楼隆重开幕。到会剪彩的有北京市市长焦若愚等。到会祝贺的各部级领导、专家学者、著名书画家及北京市政府、门头沟区政府的各级领导百余人，参观了潭柘紫石砚的展览。展览会十天，共接待参观人员两万多人次。他们中有书法、砚台爱好者，在校学生，还有不少外省市专程前来参观潭柘紫石砚的人。潭柘紫石砚的新闻发布会和展览会在书画界引起了轰动，全国各地的热心观众纷纷来信想要了解潭柘紫石砚的情况，九龙玉器厂收到的询问和联系信件就有两万多封，足足装了好几个大麻袋。在信件中，有咨询的、有要求建北京潭柘紫石砚厂的、有直接设计好图案的，还有提出应突出北京风格的建议的。特别是广东省肇庆市端砚厂的主管业务领导和安徽省歙砚厂的领导，他们来到九龙玉器厂，和厂领导面对面地谈合作、沟通，并提出了很多中肯的建议。一个小小的九龙玉器厂随着潭柘紫石砚而名扬四海，同时，潭柘紫石砚也获得了全国书法爱好者的青睐。爱好者的关注、关心，也给九龙玉器厂干部职工带来了坚定搞下去的信心和决心。潭柘紫石砚刚一问世就引起了这么大的轰动，这远远出乎九龙玉器厂领导的意料，他们认为，潭柘紫石砚有价值，有前途，必须要把这项事业搞好。

第二章

潭柘紫石砚制作工艺

第一节　潭柘紫石料

第二节　生产工具

第三节　工艺流程

第四节　技术标准

潭柘紫石砚是中国文房四宝中的一朵奇葩，是堪与四大名砚媲美的名砚精品。潭柘紫石砚古老而又年轻，说它古老，是因为它有着悠久的历史，最早流行于北京地区的民间，到了明英宗时期成了皇家所独有的御砚；说它年轻，是因为它在历史的长河中，被湮没了570多年，直到1987年才又重新面世。潭柘紫石砚以优良的材质，巧妙的设计，精美的雕刻，优良的品质，皇家的韵味，从一重新面世就受到了人们的喜爱，成了书画家的至宝，收藏家的宠儿。

潭柘紫石砚是以产于北京市门头沟区潭柘寺镇阳坡园村附近老虎山上明代老坑的优质紫石为原料，通过精巧的设计，经历多道工序精心制作而成的。其艺术价值高，实用性强，并且蕴含着深厚的中华传统文化底蕴，既是一件优质的实用器具，同时又是一件精美的艺术品。

第一节 潭柘紫石料

俗话说：“好树开好花，好种结好瓜。”制作砚台也是如此，没有优质的紫石料，技术再高的雕刻家也是做不出精良的潭柘紫石砚的。即使同是紫石料，因产地的不同，矿坑的不同，在质量上也会存有差异，不仅潭柘紫石砚是这样，就连著名的端砚、歙砚等各种名砚也都是如此，因此选取质量上乘的紫石料，是制作潭柘紫石砚的首要环节。

为了确保潭柘紫石砚的质量，九龙玉器厂邀请北京地质研究所，对制作潭柘紫石砚所用的原料——门头沟区潭柘寺镇阳坡园村老虎山紫石官塘老坑出产的潭柘紫石料，进行了科学的检测，由权威部门给予了权威的鉴定，制定了所用原料的标准。

经北京地质研究所用专业的科学仪器进行化学、物理学、地质学等多学科的鉴定，潭柘紫石产于两亿年前二叠纪红庙岭组地层中，属于红柱石铁质泥质板岩，与端、歙砚石同属一大类。但因红柱石的硬度大，颗粒均匀，显微结构等特性，制砚工艺性能上要优于端、歙砚石。端砚石产出年代为3.5亿年前，歙砚石产出年代为5.5亿年前，而潭柘紫石产出年代为2.25亿年前。北京地质研究所通过化验和光谱分析证明，潭柘紫石产生年代近，颗粒均匀，粒径周边有泥质，这样在研墨时就起到了缓冲作用，更利于发墨。它的矿物质成分为绢云母、绿帘石、红柱石、褐铁矿等；它的化学成分为二氧化硅、三氧化二铝、三氧化二铁、氧化钛、氧化钙、氧气镁等；微量元素含铜、锰和铝，没有任何放射性元素。据专家科学鉴定，潭柘紫石除去可以制砚外，还有制作茶具、酒具、餐具等之用，很有综合利用的价值。

潭柘紫石鉴定报告（一）

（中国有色金属工业总公司技术经济研究中心高级工程师、宝石专家栾秉璈）

一、产出地层

潭柘紫石砚石料产于北京门头沟潭柘寺西北二叠纪红庙岭组沉积岩层中，地质时代距今2.25亿年。石料原岩为铁质泥质岩，经变质已为板岩，与端、歙砚石同属一大类。

二、岩性特征

石料岩石名称为铁质、泥质、红柱石板岩。组成矿物质：绢云母、红柱石、绿帘石、褐磁铁矿。绢云母，呈显微鳞片状，粒径0.001毫米~0.005毫米，含量55%~70%；红柱石，柱状及粒状，粒径0.01毫米~0.05毫米，含量20%~25%；绿帘石，粒状，粒径0.005毫米~0.03毫米，含量10%~15%，呈变余柱状，鳞片状变晶结构。

三、化学成分

二氧化硅38.44%，三氧化二铝39.03%，三氧化三铁13.58%，氧化钛1.01%，氧化钙0.29%，氧化镁0.14%。从化学成分看，也属于铁质泥质岩，但其中含硅低、含铝高，成分上有别于端、歙砚石。微量元素仅含铜、锰和锆，通过微量元素可与其他产地的砚石石料鉴别或区别。

四、工艺特性

优质砚石，均要求“发墨快而不损毫”。发墨快，但又要求墨细有光；不损毫，即石面光洁，始终如一。这一重要要求都由石料组成矿物粒经及内部结构决定。通过鉴定资料比较，潭柘紫石砚完全可与端、歙名砚媲美。

潭柘紫石与端、歙石料比较：

砚石名称	岩石名称	岩石特性	粒径（毫米）	产出地质时代	主要差别
潭柘紫石	铁质、泥质、红柱石板岩	紫色，由绢云母、红柱石、绿帘石、褐铁矿组成	0.001~0.06	二叠纪（距今2.25亿年前）	含红柱石，粒径均细
端砚石	绢云母泥质板岩	灰褐色，由绢云母、石英黏土矿物组成	0.001~0.1	泥盆纪纪（距今3.5亿年前）	含石英，粒径较均细
歙砚石	含石英粉砂板岩	灰黑色，由绢云母、石英、炭质、黄铁矿等组成	0.001~0.1	震旦纪（距今6亿年前）	含石英，粒径较均细

潭柘紫石鉴定报告（二）

（中国有色金属工业总公司技术经济研究中心高级工程师、宝石专家栾秉璈）

一、产出地层

地质时代：二叠纪红庙岭组

二、岩性

名称：铁质、泥质、红柱石板岩

组成矿物：

红柱石：柱状，粒径0.01毫米~0.06毫米，含量20%~25%

绿帘石：粒状，粒径0.06毫米，含量1%~2%

绢云母：鳞片状，粒径0.001毫米~0.005毫米，含量55%~70%

褐铁矿：粒状、柱状，粒径0.005毫米~0.03毫米，含量10%~15%

三、化学成分

二氧化硅38.44%，三氧化二铝39.03%，三氧化三铁13.58%，氧化钛1.01%，氧化钙0.29%，氧化镁0.14%。

四、微量元素

含有铜、铁、锰、锆，其他不明显。

（一）潭柘紫石与端、歙石虽然属同一砚岩性，但组成矿物不同，前者不含石英，而由红柱石代替。由于红柱石粒径比石英均匀，加上硬度略大于石英（石英7，红柱石7~7.5），发墨快于端砚，粒径没有突然大者，研墨十分匀细光亮。出现红柱石的原因是原岩含铝高、含硅低，以及北京西山的变质环境。

（二）潭柘紫石虽属板岩，但又不同于端、歙石之板岩，丰富了我国砚石品种，即以红柱石代替石英发墨的新优质品种，石中之绢云母与端、歙石一样起到发墨缓冲作用。

（三）潭柘紫石颜色以紫色为主，也有绿、灰及其他颜色，在琢砚成品外观上也十分优美，有待文人墨豪起名。此外，潭柘紫石工艺性能好，加上历史已有名，淹没数百年后得以发现和开发，这不仅是北京的骄傲，也是全国砚石的一大喜事，有着重大历史和现实意义，在国内外即将引起强烈反响。

1987年9月10日 于北京

潭柘紫石鉴定报告（三）

检测报告
轻工部文房四宝质量监督检测中心

◎ 检测报告（一） ◎

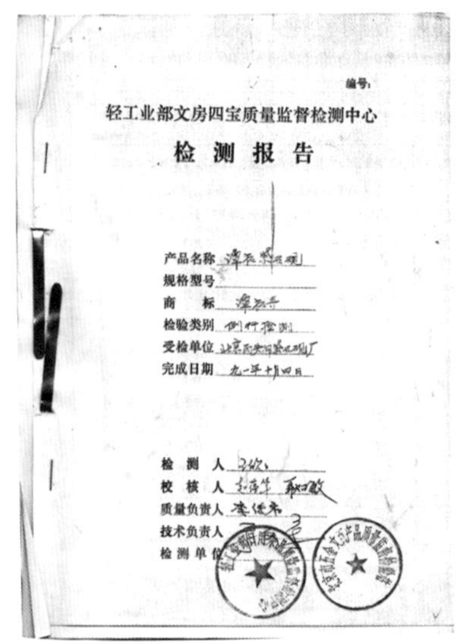
编号：

轻工业部文房四宝质量监督检测中心

检 测 报 告

产品名称 潭柘紫石砚
规格型号
商　　标 潭柘寺
检验类别 例行检测
受检单位 北京市门头沟紫石砚厂
完成日期 九一年十月四日

检 测 人
校 核 人
质量负责人
技术负责人
检 测 单 位

◎ 检测报告（二） ◎

对产品检测结果进行综合评价，该产品是否达到创优要求的质量指标提出结论性的评价意见。

依据轻工业部文房四宝质量监督检测中心对其四部优评比细则检测合格，达到优质水平。

市产品质量监督检验站（签章）
一九九一年十月二十八日

注：1、"创优要求达到的质量指标"指国际（或国外先进）标准，或高于现行标准的内控标准指标。
2、"检测结果"一栏中只填写低于、达到、或高于。系指评优检测数据与创优要求达到的质量指标对比结果。

◎ 检测报告（三） ◎

表5

产品质量监督检验站检测结果

产品名称、版号、规格：潭柘紫石砚　　抽检数量：5
受检单位：北京市门头沟紫石砚厂　　抽样日期：91.10.6

技术指标名称	计量单位	创优要求达到的质量指标	实测数据	检测结果（低于、达到、高于）
1. 砚池和砚堂光洁平滑度		无砂眼、划痕，手感平滑	合格	达到
2. 砚池砚堂裂纹		不准有	合格	达到
3. 砚池砚堂瑕疵		砚堂不准有，砚池不准有大的瑕疵	合格	达到
4. 造型		美观大方	合格	达到
5. 布局		合理适用	合格	达到
6. 雕刻		线条准确、清晰，层次分明	合格	达到
7. 图案		优美有韵味、细腻	合格	达到
8. 砚盒		上下盖吻合，不变形	合格	达到
9. 商标及标志		齐全、清晰	合格	达到

◎ 检测报告（四） ◎

第二节

生产工具

《论语·卫灵公》中说：“工欲善其事，必先利其器。”由此可见工具的重要性。凡是制造行业，在进行生产的过程中，都要使用工具，其中不乏一些专用的工具。在潭柘紫石砚的制作过程中，同样也要用到工具，这些工具有传统的，也有现代的；有手工的，也有电动的；有的可以从市场上采购而来，有的工具则需要自己制作；有的工具是众多行业通用的，也有本行业专用的。一言以蔽之，没有精巧适用的工具，是制作不出来高质量的潭柘紫石砚的。

一、采石工具

开采石料是中国一个古老的行业，是制作潭柘紫石砚的第一步。门头沟地处山区，出产各种石料，例如永定镇石厂村在明代时是皇家的采石场，所开采的石料是用于建筑的大青石，修建启祥宫、玄极宝殿、奉先殿、天寿山诸陵、慈庆宫、慈宁宫、颍殇王坟、泾王坟等皇家建筑，所用的都是石厂村出产的石料。另外，在历史上，门头沟的龙泉务、灰峪、南村等许多村子都有烧制石灰的产业，烧制石灰的原料是石灰石，都是从附近盛产石灰石的山上开采出来的，石门营、小园等村所出产的石板也是从山上开采出来的。再如几乎与潭柘紫石伴生的叶腊石，在潭柘寺官塘下方不远就有叶腊石窑遗址，早期开采出来的叶腊石料用于加工小学生在小石板上练字、验算时所用的石笔，1958年时作为烧制耐火砖的原料，清水烧缸、琉璃渠烧制琉璃也会用到叶腊石。还有后来用于生产人造金刚石的介质，赵家台及附近的十字道村均曾开采叶腊石生产石笔和人造金刚石介质。开采石料所用的工具大部分是开采各种石料所通用的，如铁锹、尖镐、钢钎、大锤、铁楔子、撬棍等，运输使用木板、滚杠等古老的工具，以及现代起重所用的倒链、铁三脚架、货运汽

◎ 采石 ◎

车等，只是开采方法上有所不同而已。

大锤：大锤有8磅的，有12磅的，有长方形的，有鸭蛋形的。大锤的作用一是打钢钎，有时是为了在岩石层中打出空洞，有时是为了把岩石层的裂缝扩大；二是用来砸石头，有时是需要砸去石料不规则的边角，有时是需要把大的石头砸成所需要的小块儿。根据用途的不同，要选用不同材质的锤把。砸石头用的圆形的大锤，俗称“鸭蛋锤”，锤把一般使用酸枣木，这是一种多年生的小灌木，不仅坚硬，而且具有很好的韧性，大拇指粗细的酸枣木比锤裤还要细，所以做锤把安装在锤裤里时要用楔子塞紧填实，以防止在工作中锤头掉下来。打锤的时候，一手在前，一手在后，大锤举起来时，由于锤把比较细，会自然产生弯曲，但是酸枣木的韧性极强，是不会折断的。“举起似弯月，落下如流星”，大锤落下时，既有向下砸的冲击力，又有锤头“甩”出去的力道，这样大锤打出去才有力量。如果是打钢钎，那就要选用长方形的8磅锤和光滑顺直的锤把了，一般选用比锤裤粗一点儿的榆木锤把，这样锤头才能安得结实。榆木纹理细密，结实耐用，并且有韧性，不容易开裂或折断，但由于木质稍软，容易“脱裤甩头”，所以用檀木把或白蜡木把也是不错的选择。打钢钎时要每一锤都结结实实地打在钎顶上，这就需要在打锤的时候要掌握好角度和与钢钎的距离，既要大锤打出去有力，还不能伤了扶钎的人。所以打钢钎是一项技术活，不下苦功是练不出来的。

打钢钎一般都是两个人合作，一个人打锤，一个人扶钎，打锤的人每一锤下去都要做到稳、准、狠，扶钎的人要根据实际情况，转动钢钎。打锤十分消耗体力，打锤的人如果累了，两个人可以互换，轮流打锤。

钢钎：钢钎根据用途的不同分为多种型号，有长有短，一般的长度在1米左右。横截面呈六方形，俗称是六棱的。根据用途的不同，钎子头儿有尖的、有扁的，打眼儿和扩大岩层裂缝多使用扁的。钢钎一定要使用钢制的，坚硬、结实，不弯曲，有韧性。钎子头儿的刃部一旦变秃，需要由铁匠将钎头烧红，砸出刃，再淬火，俗称“煊钎儿”，否则会影响工作效率。

铁楔子：铁楔子的长度一般为20厘米～30厘米，比钢钎粗一些，头部是扁形的，用于扩大岩石层的裂缝。当钢钎把岩石层开凿出一道裂缝之后，把铁楔子用大锤打进石缝里去，使钢钎能够退出来，并把岩缝扩大。铁楔子不一定全都是用钢制的，铁制的也可以用。

尖镐：尖镐分为两种，一种是传统式的，只有一个尖头，镐把比较短；另一种是现代式的，有两个尖头，略带弯曲，镐把比较长。尖镐的用途一是刨开土层，一是刨出石缝，也可以用于扩大岩石的缝隙。

撬棍：撬棍的长度为2米左右，钢制，直棍形，横截面呈六方形，径粗约3厘米，一头是直而扁形，一头是弯曲

◎ 尖镐、铁锹、撬棍等工具 ◎

的，弯度为45°，弯曲部分为扁平状，呈鸭嘴形。撬棍的主要作用是把顶端扁平部分插进很小的缝隙内，用杠杆原理，把洞顶、洞壁上悬浮的石头撬下来，以防止落下来时伤人，俗称“敲帮问顶”，或是把有裂缝的石头撬开、撬掉；另一个作用是利用杠杆原理把大块石头或其他重物撬起来，是一种最简单的起重工具。

铁锹：铁锹是用于铲土或清理碎石的工具，分为两种：一种底部为椭圆；一种底部平直，锹头长、宽约30厘米，呈片状，略有弯曲，略呈勺状，安有木把，长约1.5米。

滚杠：木制的叫作滚木，铁管式样的叫作滚杠，一般直径在10厘米左右。滚杠的作用主要用于短距离的运输，把滚杠放置在大块的石料或者其他重物的下面，利用滚动的原理，使重物移动，是一种省力的简单机械。

木板：在移动大块的石料时，地面坑洼不平，阻力很大。把木板铺在地面上，使地面平整光滑。把滚杠放在木板上，使大块石料落在滚杠上，推动石料或用绳子拉动石料，用滚杠的转动，使石料移动到预定的位置。

倒链：倒链是一种用于重物提升高度的钢制机械，用动滑轮省力、定滑轮改变重物运动方向的原理，把两种滑轮相结合制作而成，把石料提升到一定高度就可以装车了。

潭柘紫石料的开采一直使用手工方式，使用传统工具进行开采，以保证质量。如果采用现代的机械开采或打眼放炮的方式开采，不仅石料容易产生裂纹，而且还浪费原材料；使用传统的手工方式进行开采，虽然效率是低一些，但是能够保证质量，并且能够开采出大块的石料。紫石料必须是没有丝毫裂隙、绺裂、断纹的才能制作砚台，因此在运输过程中也要十分注意，石料不能受到磕碰、撞击、颠簸，装车卸车的时候也要轻起轻放。

二、切割工具

在制作紫石砚的过程中，对于选好的原始的料石，要按照制砚所需要的尺寸进行切割。工厂设有专门的石料切割车间，车间内有各种的切割工具和切割机械，主要有：大切割锯、台锯、车床、粗砂轮、细砂轮、台钻、铣床等，都是使用动力电的电器设备。

大切割锯：锯片为圆形，这种锯片不同于平常人们所见到锯木头用的锯片或者锯钢铁所用钢锯的锯片，上面没有锯齿，而是黏有人造金刚石颗粒的锯片。金刚石的硬度为10，在各种矿物中硬度最大，利用高速旋转，进行快速摩擦的方法，这种工具可以切削各种硬度的石料，当然也可以把潭柘紫石料切割开，而其他的材质是不能够胜任的。

细砂轮：砂轮是磨削加工中最主要的一类磨具。砂轮是在磨料中加入结合剂，经压坯、干燥和焙烧而制成的多孔体。由于磨料、结合剂及制造工艺不同，砂轮的特性差别很大，因此对磨削的加工质量、生产率和经济性有着重要影响。砂轮的特性主要是由磨料、粒度、结合剂、硬度、组织、形状和尺寸等因素决定的。细砂轮是用金刚砂黏合而成的，可以用于小量的切削，或者磨去石料较小的棱角。

台钻：台钻是台式钻床的简称，是一种体积小巧，操作简便，通常安装在专用工作台上使用的小型孔加工机床。台式钻床钻孔直径一般在13毫米以下，最大不超过16毫米。其主轴变速一般通过改变三角带在塔形带轮上的位置来实现，主轴进给靠手动操作。台式钻床可安放在作业台上，是主轴垂直布置的小型钻床。立式钻床主轴箱和工作台安置在立柱上，主轴垂直布置的钻床。摇臂钻床可绕立柱回转、升降，通常主轴箱可在摇臂上做水平移动。铣钻床工作台是可纵横向移动，钻轴垂直布置，能进行铣削的钻床。孔深钻床是使用特制深孔钻头，工件旋转，钻削深孔的钻床。平端面孔中心孔钻床是切削轴类端面和用中心钻加工的中心孔钻床。卧式钻床是主轴水平布置，主轴可垂直移动的钻床。使用台钻可以在石料上进行打孔。

铣床：是指主要用铣刀在工件上加工各种表面的机床。通常铣刀旋转运动为主运动，工件和铣刀的移动为进给运动。它可以加工平面、沟槽，也可以加工各种曲面、齿轮等，还能加工比较复杂的型面，效率较刨床高，在机械制造和修理部门得到广泛应用，可以加工钢铁，起到铲平的作用，既然可以对钢铁进行加工，当然也可以用于加工潭柘紫石料。

三、“凿活儿”工具

“凿活儿”是指对紫石料进行粗加工，使用的工具主要是铳子和锤子。铳子是类似于木匠所使用的凿子那样的一种工具，长30厘米，直径1厘米，用强度很大的麻花钢制成，一头焊上合金钢刀头，磨出尖刃即可。锤子又叫榔头、手锤，是锤子中较小的一种，便于手工使用。使用方法为将转移到砚毛坯上的图案用印蓝纸（即复写纸）或印红纸描好以后，用铳子沿着图案线条，用锤子敲打铳子的顶端，按图纸和要求深度凿出图案外形，凿的时候必须由浅入深，不能用力过猛，防止把毛坯凿裂凿坏。铳子一般都是根据使用的需要，由工匠自己制作的，尺寸有大有小，铳子头有宽有窄，可以适用于各种砚形的不同要求。

四、“铲活儿”工具

“铲活儿”是指对紫石砚的雏形进行再加工，所使用的主要工具是铲刀。铲刀长度为30厘米，直径为1厘米，一头焊接2厘米的合金钢刀头，磨出利刃即可，将按图案画好的砚池、砚堂用膀力铲平后再凿

◎ 铲活儿 ◎

出砚池，砚堂中间部位要铲出0.5厘米左右的弧度。铲刀形状与铳子近似，但使用的是雕刻手法，而不是以锤子为动力。铲子可以从市场上买到，也可以自己制作，一般按照生产的需要，使用自己制作的铲子更得心应手一些。

五、“刻活儿”工具

“刻活儿”是指对紫石砚的细加工，使用的主要工具是刻刀。刻刀长度25厘米，直径0.6厘米～0.8厘米，一头焊接1厘米的合金钢刀头，磨出利刃。刻活儿主要针对砚池、砚堂周边的图案所言，按图纸要求深浅适度，刀法娴熟有力，线条明快流畅，通过对图案的雕刻，使设计图案逐渐清晰成砚。刻刀和铲子一样，可以从市场上买到，也可以由工匠自己制作，一般按照生产的需要，使用自己制作的刻刀更得心应手一些。

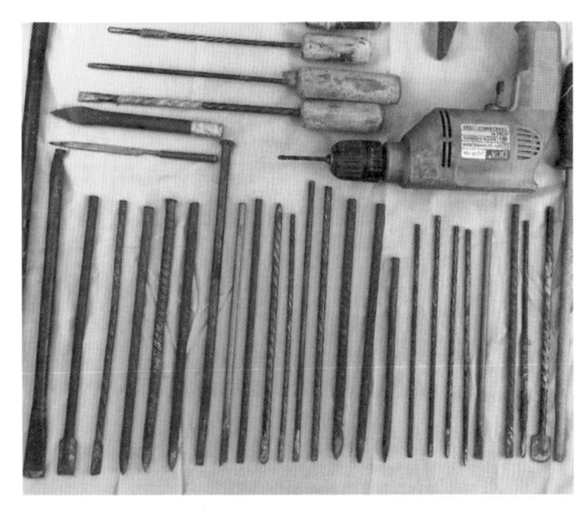

◎ 刻活儿工具 ◎

六、“磨活儿”工具

“磨活儿”是指对雕刻好的紫石砚进行“美容”，使用的主要工具是水砂纸。砂纸在模型的制作方面也有很大的作用，比如消除零件的水口，打磨从流道上剪下的零件缺口等，有些时候还可用细目砂纸打磨除去喷漆的光泽或金属零件的氧化层，使金属零件发出原本的金属光泽。在水砂纸上蘸油打磨更能提高磨光的效率和效果。水砂纸的型号单位是砂粒数每英寸单位长度（Cw），就是通常所说的“号”或“目”，是指每平方英寸的面积上筛网的孔数，数值越大砂纸就越细，粗糙的砂纸需要戴手套后作业，以免在手指上留下小切口。2000目的水砂纸是用来打磨车漆划痕的，步骤是用水先把砂纸浸透，在划痕处轻轻打磨，此时划痕处会失去光泽，再用抛光机抛光还原，最后打蜡。

◎ 磨活儿工具 ◎

制作潭柘紫石砚，使模型现出柔和的光泽，使用的水砂纸从240目、380目、400目、500目、800目、1200目、1600目、2000目不等。主要用来对已经成型的砚打磨，以将凿、铲、刻的刀痕全部磨平磨光为准。比如龙的雏形，磨平后要往龙身上画脊鳞、侧鳞、腹鳞，树木树枝磨平后要往上画树叶、树皮，鸟类磨平后要往身上画羽毛等。总之，磨活儿是制砚过程中必不可少的一道重要工序。

使用石料雕刻砚台，现在有用于雕刻的机械，但是机械雕刻出来的砚台图案发死，缺少灵气和神韵，因而制作潭柘紫石砚一直都是采用人力进行手工雕刻。每一方潭柘紫石砚都是唯一的，因为即使是按照同一张图纸制作出来的也不可能完全一样，或多或少都会存在着一些差异，这就是手工雕刻的特点。

第二节

工艺流程

制作潭柘紫石砚是一项十分繁杂而又精细的工作，有着严格的工艺流程，要经过10道工序才能完成。制作潭柘紫石砚的工艺流程为：1. 深山采石；2. 选料切割；3. 设计图案；4. 雕琢成型；5. 图案细描；6. 精雕细刻；7. 水砂打磨；8. 质量验收；9. 成品过蜡；10. 装潢入库。

第一道工序：深山采石

制作潭柘紫石砚的第一道工序是深山采石，要使用明代开采紫石的官塘老坑的石料，因为那里的石料品质最佳。从潭柘寺塔林向西去往采石场，大约要走7千米的山路才能到达。这处采石场在阳坡园村北的一个山坳里，这里原来是明代开采紫石矿产的皇家禁地，两个坑里已经长满了灌木丛，矿洞的洞口刻有明显的“紫石塘”三个大字。用手电作为照明，进到洞内，顺着斜坡向下，由于有雾气笼罩，什么也看不见，洞内有蝙蝠出没，洞的顶部布满了蜘蛛网。

◎ 深山采石 ◎

在采石之前，为了安全，首先要检查洞顶、洞壁上，是否有悬浮的石头，检查的方法是仔细观察和用钢制的撬棍进行敲击，根据不同的声响，判断哪块石头有坠落的危险，即前面曾提到的“敲帮问顶”。如果发现有不坚固的石头，就要把它撬下来，以防坠落伤人。

然后就是清除塌落的碎

石及土方，露出紫石岩层来。在紫石层中找到自然的水缝裂纹，便可以开采了。

开采是用人工的方式，用铁锤将钢钎揳入紫石岩层的水缝裂纹，打锤者与扶钎人必须密切配合，打锤者每一锤都要准确无误，保证锤锤都落在钢钎的顶部，扶钎人手握钢钎要稳定灵活。当钢钎打入30厘米左右的深度，岩层的裂缝撑大到可以伸进撬棍的时候，用两根撬棍倒换着，利用杠杆原理用力撬，使缝隙逐渐扩大，直到把紫石撬下来。

◎ 人工开采 ◎

◎ 用导链吊紫石 ◎

把撬下来的大块石料放在铺好滚杠的木板上，再把绳子拴在紫石上，洞外人员齐心向外拉，洞内人员合力向外推，用这种古老的搬运方法，把紫石料运到洞外去。到了洞外之后，再用铁三脚架架起倒链，把石料用结实的绳子或较细的钢丝绳捆绑牢固，挂上倒链的钩子，不断地拉动倒链上的链索，利用动定滑轮结合的原理，把紫石料吊起1米多高，就可以装到车上，运回厂内了。

第二道工序：选料切割

制作紫石砚，对料石的选择是十分严格的。虽然在采石装车过程中已经进行了择优挑选，但不是所有开采到的紫石都能用于制作砚台的。如果是做建筑石的话，不论优劣都能垒到墙内，但是制作潭柘紫石砚，必须是无杂质、无裂纹、颜色纯正的紫石才能够入选。

◎ 选料切割（一）◎

选好了料石之后，就要开始进行制作紫石砚的切割石料程序了。把挑选好的料石按照所需要的尺寸进行切割，切割完的料石称为“毛坯”，但仍然需要被再一次择优挑选。选择料石还要根据用户的要求和设计图案的要求进行综合考虑，以此为标准进行挑选。用户需求的规格大小不一，不可能千篇一律。预定批量大都做同一种砚台，在精选石料时就要进行综合考虑，按照大中小的不同规格进行统一安排。要根据石

◎ 选料切割（二）◎

料大小画出大中小不同规格的切割线来，还要准备出一些毛坯，以防止有淘汰毛坯废料。总之，要在保证质量的前提下，把紫石的石料利用率提高到最大化。

石料切割车间有大切割锯、台锯、车床、粗砂轮、细砂轮、台钻、铣床等，都是使用动力电的电器设备。操作者必须要先进行培训，合格后发给上岗证，须持证上岗，这样做一是为了保障职工自身的人身安全，二是为了保障能够正常地进行工作。每台电器设备都有严格的操作规程，操作者必须在保证绝对安全条件下，才能开动设备，充分发挥每台设备的使用功能。

切割石料时，要有设计人员在场，负责切割工作的人员必须要问清楚切割线的走向、毛坯的规格尺寸、标准、数量，确保自己理解了设计人员的设计意图之后，才能进行切割。在切割的过程中，如果发现了不足部分，要及时地提出来，与设计人员进行沟通后，对原来的设计方案进行更改。

车床的使用转速不要过高，因为这是切割石料，不是切割金属，料石性质比较脆，缺少柔韧性，转速过快容易使料石崩裂。卡石料时要先在卡头处放好木块或皮垫，这样才能增大摩擦力，把石料卡紧。确认石料已经卡紧之后，才能开动车床。一般车床都是用于加工砚池或圆形的外圆，还可以加工笔筒、笔洗等圆形物体；台锯一般用来切割砚毛坯的

◎ 切割石料 ◎

毛边，或切割笔架、镇尺、图章等小型的石料。粗砂轮一般用来磨砚边的倒棱和找平面。细砂轮主要用来磨工具，例如车刀、刻刀、钻头等。总之，切割车间是制砚的准备程序，充分利用好这些设备，为下一道流程打好基础。

在进行切割的过程中会产生大量的岩粉，因此在切割车间工作的人员必须要佩戴防尘口罩，做好防尘保护。

第三道工序：设计图案

设计图案是制作紫石砚过程中非常重要的一环，在制砚的毛坯上把设计好的图案画出来，才能进行下一步的工作。毛坯为平面的，可以在毛坯上铺上印蓝纸（复写纸）或印红纸，再将设计好的图纸铺在印蓝纸或印红纸上固定住，用铅笔往上描设计好的图案就可以了。如果毛坯为高低不平或随形的，就要用毛笔照图案设计画在毛坯上，这等于要将图案转移到不平的砚毛坯上，需要有一定绘画基础。不论平面毛坯还是随形不规则的毛坯，工匠自己都能直接在毛坯上设计图案，能做到这一步需要成熟的绘画基础和设计能力。图案设计绘画时有一个比较重要的要求，那就是画线条的构思，有了好的构思才能画出好的设计图，才能适合于雕刻。这种绘画接近工笔绘画素描写生，不能以水彩、粉彩、油画的方式来画，那些是不适用于手工雕刻的。

◎ 设计新产品 ◎

第四道工序：雕琢成型

画好了图之后，就要开始进行雕刻了，从某种意义上来说，这才是紫石砚制作工序真正的开始。工匠在进行雕刻之前，需要充分理解设计图案。图纸是平面图，要通过雕琢刻制，把平面图变成立体的，也就是把二维变成三维，使紫石砚的造型基本上显现出来，这对工匠的要求是很高的。工匠在拿到设计图纸后，要认真地进行分析、理解，要在自己的脑海里出现一个雕刻完成作品的效果。这一程序非常关键，工匠必须慎重再慎重，在确实考虑成熟后，才能够动刀进行雕琢。经过了这一道工序之后，石砚已经基本成型了，但还很粗糙，所以这道工序也可以称为“粗雕”，又叫“打毛坯”，亦称“凿粗坯”，即在确定砚面的设计图案后，用刀把主题内容打凿出一个大致的轮廓形状，以简单的形体概括设计者构思的整体造型，确定主题结构的位置，也就是我们常说的“定位”，习惯上称它为“凿粗坯”。粗坯是作品的基础，打坯时必须顾及作品的整体结构连贯，一刀一刀地凿去废料，做到有层次、有动势、重心稳定、主次分明，显现出所需要的主题，初步形成一幅与设计要求相符的实体图案。由于砚石的坑别不同，有的砚石中还匿藏着石眼和各种石品花纹，有的还带有瑕疵，工匠在雕刻时就要对设计方案不断地进行修改，对雕刻的图案要反复纠正处理，逐渐使图案符合主题审美要求。当然，打粗坯并不是说在砚石上马马虎虎地草率刻制，而是要充

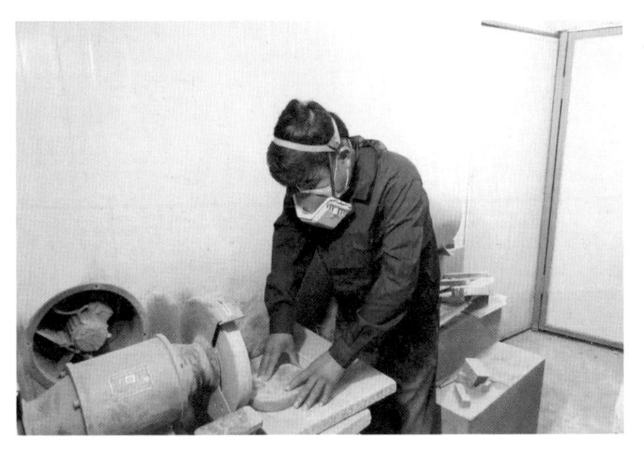

◎ 打毛坯 ◎

分利用各种有利因素，对画面进行全方位精心雕琢，做到物尽其用。打坯的程序通常是由表及里，由浅入深，由上向下，由近到远，由前到后，由粗到细，由实到空。

第五道工序：图案细描

经过第四道工序之后，石砚已经基本成型了，就要进入下一道工序，进行图案细描了。顾名思义，“图案细描”就是把已经基本成型了的紫石砚进行进一步细致的加工，使其更加精美。紫石砚在雕琢成型之后，要进行打磨，这也是进行细描前必要的准备工作。打磨光滑之后，就要在砚的雏形上加以细描了。因原来画在石料上的图案经过了雕琢之后，已经受到了破坏，这时候必须要参照原设计图案对尚未完成的作品再次加以描绘。如果是龙图案的，龙身上要增加鳞片、尾、腿、爪等细节部位，都要重新画在雏形上；如果是凤图案的，雕琢成型以后已有身形、翅膀、尾部，都要在这些部位上细描羽毛；如果是山、石、树木等图案的，有了雏形以后就要在上面增加树枝、树叶、树皮、山石或流水、瀑布等图案，为下一流程做好准备。

◎ 图案细描 ◎

第六道工序：精雕细刻

精雕细刻是石砚制作中最关键的一道工序，一旦失手，这块石砚就算是报废了，以前的各道工序也就算是白干了，所以在进行这道工序的时候一定要小心再小心。这道工序是最能体现雕琢刻制砚台艺术价值的一道工序，紫石砚的文化品位，雕刻功底，刀法的表现力等，都在此工序中展现出来。工匠对直刀刻、斜刀刻、立刀刻、反刀刻、篆刻等各种刀法都要十分娴熟，运用起来得心应手，要做到经过精雕细刻的紫石砚，小鸟好像能飞，动物好像能跑，鲜花好像能够闻见香味，人物好像是活的，才算是成功。

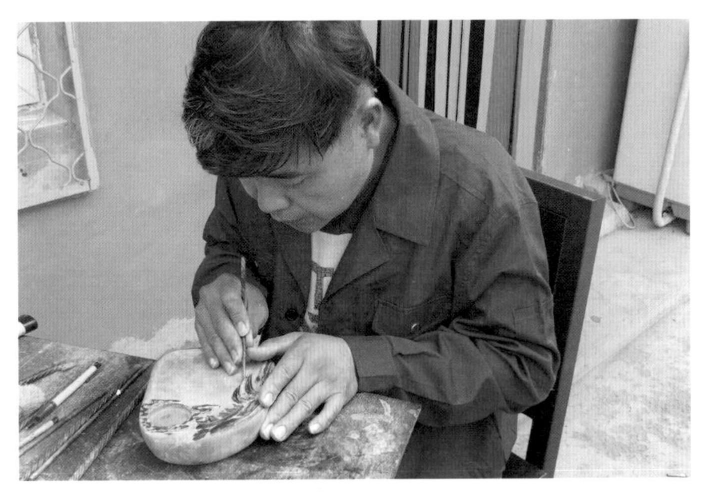

◎ 精雕细刻（一） ◎

所谓精雕细刻就是根据砚体纹饰进一步深加工，在修理、铲滑、加细的过程中，使刀法与技法互补，让作品题材内容轮廓清晰、起伏分明，从整体上逐渐调整纹饰和作品的各种布局比例，即把作品的主题结构如雕刻的人物、山水、花鸟鱼虫等纹样的具体形态进行艺术化处理后，得到落实并形成完美的图案。此时，作品主题细节和线条已趋明朗，纹饰刀法逐步圆熟流畅，各个层次简练分明。从整体上看，作品已具有充分的表现力。

这道工序也叫作“装饰雕”，就是给作品“化妆打扮”，运用精雕细刻修去作品上的刀痕凿迹，使作品纹样表面及侧面细腻完美。它是雕刻环节中重要的表现手法。也就是说，当作品经过镂空、通雕、浅雕等一系列雕刻手法之后还要对作品局部或某个特定部位实施最后一次的再创作。比如作品中鸟兽类的眼睛、羽毛，蛟龙的胡须、鳞片，花草的叶脉，人物的眼眉、衣褶等，都是作品最重要的表现位置。工匠在操作前应先用细砂纸把整体纹样及局部磨平滑后再细刻，操作时用力要轻稳，用刀要细心。这些看似简单的细节却能充分表现出作品的艺术美感。

装饰雕要求刀迹清晰，纹饰深浅相宜，以体现作品艺术效果为最终目的。有趣的是，装饰雕的操作手法同打毛坯的程序几乎相反，它是由里到表、由深到浅、由后到前、由远到近而操作的。这是因为作品雕刻完成后，各个层次结构的硬度已大为减弱，工匠在操作时，左手轻轻按住砚石，右手稳重操刀，绝不能粗鲁蛮干，一旦用力过猛，很容易将修饰好的细节和纹样擦伤或折断，使作品失色。

◎ 精雕细刻（二） ◎

在这道工序里最重要的一点，也是技术性要求最高的、雕刻最困难的，就是篆刻。有一些图案上设计有刻字，需要仿刻历史名家和现代名人的字，必须要做到字体逼真，具有原来书写者的特点和神韵，能够达到以假乱真的程度才算成功。例如仿刻乾隆皇帝、嘉庆皇帝的字，颜、柳、欧、赵各体的字，现代名人启功、赵朴初、刘炳森等人的字，每个人的字体不同，风格不同，习惯不同，这些在雕刻时都需要刻字人认真仔细地进行揣摩，这就体现出刻制砚台者的文化艺术修养和高超的雕刻技艺来了。艺无止境，精益求精，永远是制砚人所追求的目标。

第七道工序：水砂打磨

水砂打磨也可以叫“精雕细磨”。前边的工艺流程结束之后，在这一道进行装饰，就好比是给一个美丽的姑娘涂脂抹粉，使其变得更美丽。经过水砂打磨之后的紫石砚要达到石质温润细腻，抚之如幼儿的肌肤般的效果。打磨时所使用的水砂纸有240目、380目、400目、500目、800目、1200目、1600目、2000目8种，各有用途。水砂打磨要在水中进行作业，打磨砚时要面面俱到，打磨到无刀痕、无棱角，平面砚池手感滑润，手摸整体砚不硌手，有圆滑舒适的感觉。在细小的缝隙内进行打磨时，需要把水砂纸折成锐角，这样才能够深入到缝隙中去，连最细微

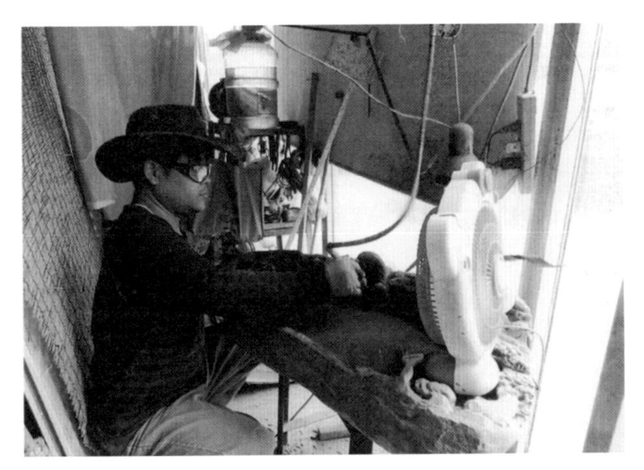

◎ 水砂打磨 ◎

的地方都要打磨到，不留一点儿死角。用8种型号的水砂纸，由低标号向高标号逐步打磨才算完成，一步比一步细致，才能使紫石砚越来越细腻。如果打磨不过关，那就不能进入质量验收的程序。

第八道工序：质量验收

潭柘紫石砚的质量验收是紫石砚的出厂合格证，也是它进入市场的通行证。紫石砚的品种不同，造型不同，大小不同，但是验收的标准基本相同。在验收前要准备好设计稿图纸或仿制的图案拓片，最好有一个标准砚作为样板，供验收小组人员考核之时使用。验收小组成员由图案设计师、技术厂长、工人代表、“非遗”项目传承人等共同组成，制砚职工在现场观看旁听。

◎ 北京市工艺美术行业协会会长、副会长参观制砚过程合影 ◎

潭柘紫石砚的质量验收标准为：1. 砚池平整洁净；2. 砚堂平整顺滑；3. 砚壁平直顺滑；4. 覆手平整匀顺；5. 砚底平整洁润；6. 砚侧平整光洁；7. 砚边纹样顺透精细；8. 花卉、瓜果匀顺清澈；9. 山石树木苍劲精透；10. 龙、凤、瑞兽精细剔透；11. 人物服饰流畅精细。规矩砚（方、正、圆形的砚台）打磨技术要点为：着重各个方面的平整，面与面的垂直及过渡的圆顺自然；水中打磨时要先粗后细，磨到磨透；最后用最细的水砂纸打磨。进行验收时要做到按照标准，一丝不苟，实事求是。

第九道工序：加热过蜡

通过质量验收的潭柘紫石砚要用清水冲洗两遍，确认无粉尘之后，放置铁锅中将其蒸热，要达到石蜡或蜂蜡固体块抹上之后立刻就能够融化的程度。用鬃刷将蜡液均匀地刷在砚的所有部位上，趁蜡还未变成固体前，迅速用干毛巾将浮蜡擦掉，同样也要擦得面面俱到为止。打蜡的作用是保持紫石砚的湿度，使之不易开裂、风化，同时也有防止划痕和美观的作用。到此时，一方紫石砚才能算是成品砚了。

第十道工序：装潢包装

装潢原义是指“器物或商品外表”的“修饰”，是着重从外表的、视觉艺术的角度来进行装饰。制作好的潭柘紫石砚要进行装潢，这就如同给一个美女穿上漂亮的衣服，使其变得更加光鲜靓丽。俗话说“人凭一张脸，货卖一张皮”，精美的包装可以提高商品档次和品质，刺激人的观感，增加商品的附加值，因此装潢是商品进入市场前很重要的一项工作。

潭柘紫石砚的装潢一般采取以下方式：1. 根据客户要求制作木盒，一般采用红木或核桃木等木材，制盒前必须将木料进行火烤干燥处理，

◎ 成品包装 ◎

才能保证砚盒不走样，不裂纹；2. 制作木盒要根据砚的形状制作，规矩砚的制作过程容易一些，如果是随形砚，那就要每方砚各一个盒，盒的形状随着砚的形状而做才行；3. 有的用户订砚的批量大，时间不允许做木盒，就用锦盒包装，锦盒同样外表庄重，古朴典雅，贴好出厂标签，外面包装有印制精美的提袋就可以了。

包装要与紫石砚的形制、风格相统一，和谐一致，同样也要古朴大方，具有文化内涵。

第四节

技术标准

企业技术标准是指重复性的技术事项在一定范围内的统一规定。标准之所以能成为自主创新的技术基础，源于标准制定者拥有标准中的技术要素、指标及其衍生的知识产权。它以原创性专利技术为主，通常由一个专利群来支撑，通过对核心技术的控制，很快形成排他性的技术垄断，尤其在市场准入方面，它可采取许可方式排斥竞争对手的进入，达到市场垄断的目的。

每一个制造行业都有一定的技术标准，没有标准是制造不出来合格产品的，也是进入不了市场的。潭柘紫石砚既是文房用品，同时也是可以把玩的文玩及收藏品，属于艺术品范畴，在其雕刻上技艺同样具有自身的基本特征，北京潭柘紫石砚厂对于技术标准的制定既是严格的，也是切合实际的。

潭柘紫石砚雕刻技艺是各种技艺的综合运用，搞紫石砚雕刻，必须要有一定的美术功底，能够采用速写的方法进行绘画，同时还要表现出艺术上的成熟，进行巧妙的布局，体现出主题思想。其所用最主要的手段是雕刻，以刀具为主要工具，对石料进行雕琢，通过虚实凹凸的手法，表现出绘画形象，生动活泼，耐人寻味的特点，也可以称之为“用刻刀作画”。其技艺本身与其他石砚的雕法异曲同工，但原材料是潭柘紫石，料石的约束和特性是其雕刻工艺特征。为了保证潭柘紫石砚的质量，制作潭柘紫石砚也有着严格的技术标准。

规矩砚刻制技术标准：看懂图纸，搞清规格尺寸、长宽比例、黄金分割；选好坯料，整好外形，薄厚均匀，外形正确；仔细画线，认真凿刻，横平竖直，左右对称，表面平整，不能爆边，精细收实，没有刀痕。

◎ 翰墨西苑砚（规矩砚）◎

花式砚刻制技术标准：大胆构思，合理布局，仔细选料，反复推敲；石皮纹理、石皮色膘、截留取舍，认真揣摩；下刀肯定，收拾小心，利用特点，恰到好处；虚实相间，服从全局，最后修饰突出主体。

雕龙砚刻制技术标准是：

1. 整体造型协调匀称，龙云比例适中；

2. 龙头各部位雕刻齐全：龙头、须、发、眼、耳、鼻、嘴、舌、牙、膛各样齐全；

3. 龙体除平行外有弧度2厘米、上下弧度2厘米、落差2厘米；

◎ 雕龙砚 ◎

4. 龙的背鳞呈八字排列，四个斜面；

5. 龙的侧鳞排列均匀，深浅适度，清晰感强；

6. 龙在腾飞时翻身，斜面露出腹鳞，肚下应凿刻上腹鳞；

7. 龙尾、腿爪苍劲有力，爪、指分开，爪尖落脚点合理，与龙体协调；

8. 云带与水纹层次分明，错落有致，弯为弧度弯，云深0.5厘米，云边为双线边；

9. 盖与口颜色搭配一致，结合紧密、转动自如，盖中的圆珠要圆，如日出海平线，盖抓面，与底部协调合理；

10. 打磨无刀痕，无死角，手感光滑。

第三章 潭柘紫石砚的艺术特色

第一节　雕刻技法

第二节　形制与雕饰

第三节　分类与特色

第四节　潭柘紫石砚雕刻技艺主要价值

潭柘紫石砚的艺术特色主要通过雕刻的方法表现出来。雕刻，是雕、刻、塑三种创制方法的总称，指用各种可塑材料或可雕、可刻的硬质材料，创造出具有一定空间的可视、可触的艺术形象，借以反映社会生活，表达艺术家的审美感受、审美情感和审美理想的艺术。

紫石料形态各异，工匠在雕刻时要因材施艺，雕成各种题材的潭柘紫石砚。采用的技法圆雕、浮雕兼而有之，需根据不同的对象，充分运用凿、戳、铲、刨、镂、雕、刻、刮、钻、刺、锉、磨等工艺，要做到精雕细刻而不留刀痕。在风格特点上，要依形布局，取势造型，依色取巧，因巧施艺；在艺术上，要构图丰满，富于装饰趣味，流露出皇家御砚的韵味。

俗话说，“艺术构思是天赋，精雕细刻是刀法”。工匠在创作中要想把潭柘紫石砚制作成一件精美的艺术品，往往会绞尽脑汁，尽一切可能在砚石上展示自己的艺术风采，在制作过程中，运用雕刻技法是最关键的。

雕刻技法，说通俗点儿就是在砚面上抓住主题，重点进行由外向内或由内向外，一刀一刀地减去废料，循序渐进地对构思的图景和空间，通过雕刻来体现的创作手法，它是形象地揭示作品艺术内容的一种重要手段，讲究“快”“准”“狠”三个字。所谓“快”，就是下刀要快捷

◎ 研究探讨雕刻技法 ◎

灵敏，干净利索，雕刻不留刀凿痕迹；“准”就是确定雕刻层次后准确用刀，恰到好处地因材施刀，为作品增添无限的生机；“狠”就是运刀力度要强悍，不遗余力地把功力倾注到锋利的刻刀上，使作品洗练、畅快，一气呵成。

简单地说，雕刻技法好比书法，它不但能起到加强丰富作品艺术效果的作用，更是心灵与技巧相结合的产物。因此，作者往往是每一刀下去，不仅体现着自己的创作意图，而且更能得到心灵上的满足。运刀的转折、力度、顿挫、凹凸起伏都是为了使作品更加生动自然，要想掌握这些刀法，只有多练，循序渐进，没有捷径可走。只有熟练地掌握了各种刀法，做到得心应手、运用自如，作品才能形成自己的艺术语言和风格。

第一节 雕刻技法

砚雕创作是一个程序繁杂、技术含量高的活儿，作品的成功在很大程度上取决于雕刻以及表现技法。雕刻技法运用得当不仅能够使作品原有特征、砚形及纹饰图景凸显生机，而且还能够使作品的主题更彰显，艺术感更强烈，从而衍生出来比一般砚雕作品更加厚重的文化品位，并产生出更大的附加值。由于雕刻的表现技法多种多样，运用时复杂多变，深度难以把握，技术要求高，通常归类为深雕、镂空雕、圆雕（立体雕）、浅雕、浅浮雕、线刻、薄意雕、俏色雕，合称为“八种技法”。

一、深雕

深雕就是将砚雕作品的纹饰图案用刻刀雕刻到砚石上的一半深度，

使作品图景具有高层次的艺术效果。在制作前，首先要对砚面上的图案进行反复推敲，确定深雕的层次及雕刻深度后再进行雕刻。在通常的情况下，深雕技法多适用于各类坑种的砚石，这些砚石石性滋润纯净，质地细腻，易于操作，最能体现砚雕艺术的特点和反映设计者的创作意图。尤其是在雕刻山水美景、亭台楼阁时，深雕的表现力更胜一筹。从审美的角度来说，深雕技法具有广阔的艺术表现空间，它可以充分发挥和表达作者的艺术思维空间，准确地表现作品的意境和主题思想，达到人与艺术的自然和谐和美的境界。

当然，在制作中，并不是说深雕就是作品中唯一采用的技法，它有时会随着对雕刻的不断深入和砚石自身的特点，如砚石的大小、厚薄，石品花纹的形态、题材、层次感来确定。即使是最好的设计图案也要慎用，更不能过度深挖深雕，破坏作品整体艺术效果。

二、镂空雕

镂空雕又称通雕、透雕。在雕刻中，镂空雕有两种表现形式：一种是把砚堂以外的图案纹饰进行镂空，另一种是按照作者的构思意图对砚体进行全镂空雕刻。在现代砚雕艺术中，通常采用前者。现代人不但喜爱紫石砚的石品和精湛的雕工，更加注重它的表现技法，于是镂空雕刻应时而现。镂空雕技法一是通过一刀一刀的镂空雕刻，使砚面更有层次感和立体感，并在底层产生更宽大的空间，有一种震撼的艺术效果；二

◎ 岁寒三友砚（镂空雕）◎

是通过一层一层雕刻，来美化作品，丰富主题，提升作品的艺术价值和经济价值。由于镂空雕可以从各个角度反映作品的主题思想和风格，在目前砚雕作品中，这种表现手法已被广泛应用。山水楼阁、龙凤祥云、神话故事等都是镂空雕的好题材，以其空灵剔透的雕刻来充分表现出砚雕艺术的宏大场面，气势非凡而又精微的艺术特点。

三、圆雕

圆雕，又称立体雕，就是在砚石四周进行雕制，把一方砚石雕琢成立体形状的、既有研墨功能又有观赏效果的砚台。按照使用砚台的习惯，人们都把砚台平放至桌面，而圆雕砚台可以竖立在桌面研墨，既表现了圆雕艺术的特点，又保持了砚台的实用性。由于圆雕技法具有极强的表现力，从而迎合了现代人欣赏砚雕艺术的审美追求，受到人们的热捧。

◎ 童趣砚（圆雕）◎

四、浅雕

浅雕俗称浅刀雕刻，是介于深雕与浅浮雕之间的一种表现技法。由于其表现手法大都体现出一种安详、宁静、含蓄、沉着的艺术氛围，在制作过程中，特别注重砚石的品质和石品花纹的位置以及造型设计，强调题材与砚形协调。

◎ 浅雕 ◎

浅雕作品在宋、元时期就大量出现，到了明、清时期更是犹如雨后春笋，这其中的许多作品成为中华砚文化艺术中的瑰宝，如宋苏轼的“蓬莱砚”、元黄公望的“云龙砚”、明刘伯温的“井田砚”、清雍正皇帝的“琴形砚”等，无论是砚材、砚形、题材、纹样还是雕刻技法都代表着时代的文化气息和风格。在现代砚雕艺术中，浅雕技法一直被人们广泛使用，它在运用上讲究刀法、刀工，因此在操刀时要把握好浅刀雕刻的尺度，切忌过深或过浅。浅雕技法讲究材质美、刀法美，做工精湛熟练，因而越来越受到人们的喜爱。制作中如果在砚石上草率雕刻，深挖乱雕，不仅损坏砚材，也无法体现作品的意境，更谈不上艺术韵味了。为此，工匠在下刀之时，必须先三思而后行。

五、浅浮雕

浅浮雕就是比浅雕深度更浅的一种表现手法，是当今砚雕艺术的重要组成部分。这种技术虽然古老，但它具有一种安详、稳健、柔和的艺术魅力，因而被历代文人墨客所接受。表现浅浮雕技法一般应具备三个条件：一是优美的砚形。浅浮雕技法最适用于规矩砚形，如加厚的长方形、正方形、圆形、椭圆形等，雕刻部位在砚面、砚侧、砚底部；二是优秀的题材和纹饰。从古至今，亭台楼阁，宗教佛事、神灵瑞兽等题材一直是人们喜闻乐见的创作素材，传统的各种几何纹、连雷纹，变形抽

◎ 海天砚侧面（浅浮雕）◎

象纹如夔龙纹、饕餮纹、蟠螭纹等也是浅浮雕的主要表现纹饰；三是上佳的砚材。古人有“良材配好工”之说，所谓良材是指石质细腻幼嫩、纯净的砚石，好的砚石上只要雕刻少许花纹就能起到良好的装饰作用。

使用浅浮雕技法并不像人们所想象得那么简单，它的条件和要求非常严格。浅浮雕技法是独立的，但又是一种在创作中相互交替使用的艺术载体。雕刻时要借助优美石质，充分理解浅浮雕的技法和特点，巧妙设计，精雕细琢，才能雕制出一件艺术精品。

六、线刻

顾名思义，线刻就是用线条来反映作品主题思想和艺术特征的一种表现手法。线刻有阴线和阳线之分，哪些题材需要用线刻来表现，什么内容需要线条来衬托，这就要根据砚材的石性、石质、石品花纹以及砚石的名贵程度来做出选择。由于线刻技法操作难度大，技术要求特别高，所以在雕制过程中要求作者严谨操作，刀法熟练，力求一气呵成。

线刻通常应用于一些砚体较厚的长方形、正方形、圆形、椭圆形的砚面、砚侧、砚底或石质好的平板砚石上，题材大都是以山水美景和人物故事为主，但近年来，也逐步把各种古代青铜器纹饰如夔龙纹、

◎ 海天砚背面（线刻）◎

香草纹和各种几何图形纹都运用到砚雕艺术中来，使线刻技法得到充分表现。

创作一方精美的线刻作品必须要注意以下几点：1. 选用好砚材；2. 砚形与题材要协调；3. 雕刻要精练；4. 层次要分明。只要掌握了这些技法和创作要点，作品意境就会水到渠成。

七、薄意雕

薄意雕即极浅薄的线刻，因其雕刻层面极薄而富有画意而得名。言其“薄”即雕刻层比任何雕法都“浅薄”“简单”，说其“意”是因其雕刻“重典雅、工精致、近画理”。

薄意雕是从浅浮雕及线刻技法中逐渐衍化而来的一种平面艺术载体，刻雕者除了掌握自身的技艺和刀法应用技术外，还必须对中国书画艺术的创作理念、表现手法、艺术理论有所了解和掌握。在创作过程中，还可借鉴玉雕、石雕等多种技法，如把寿山石的薄意雕巧妙运用到砚雕艺术中来，逐步形成薄意雕的独特风格。

薄意雕大都在有石品的平板砚上进行构思雕琢。由于石品形态千变万化，这又给作品增添了无限的神秘色彩以及艺术性和趣味性。薄意雕技法的应用也有它的局限性，由于其表现手法大都用于带有石品花纹的砚石上，要根据石品的形态、大小来构思主题，因此要求苛刻，雕制的功力、刀法绝非一般砚雕师傅的技艺能达到的，因为在创作时如用刀稍有不慎就会线条错乱，整个画面就会前功尽弃。因此，从选料、设计、布局、雕刻刀法和技法运用上都要注意避免砚材有瑕疵或残缺、技法与砚形主题结构不协调、刀法虚弱无力等，任何一种失误都会直接影响作品整体的艺术效果。

近年来，薄意雕技法的创新和发展一直被名砚爱好者及鉴藏家关注，制砚者在创作中也在对其不断地进行融合提炼，使其越来越成熟，并得到充分发挥。

八、俏色雕

俏色雕，又叫“巧色雕”，多用于端砚制作中。这种技法是指在设计制作中，把砚石的天然色泽进行充分的想象和利用，使物象逼真自然，尽可能还原雕琢物本色的一种表现手法。俏色雕早在宋代砚雕中就已出现，近年来更是成为当今人们最喜欢的一种砚雕艺术形式，并被广泛地应用到名砚作品上。巧妙利用砚材的各种天然石色来进行“俏色”，目的就是用来强化作品的艺术品位和表现力。在砚雕创作中都会根据砚石的不同石色进行俏色，面积较小的可雕琢成荷叶、莲子、瑞兽、花卉等，面积较大的可雕琢成奇山怪石、亭榭楼阁、人物情景、工艺品摆件、茶盘用具等，使俏色后的图案色泽与主题相融合，以达到 天人合一的艺术效果。紫石砚由于砚石色泽比较单一，故很少用俏色雕法。

潭柘紫石砚雕刻艺术是以立体、半立体和平面的方式，采用各种雕刻技法，主题包括人物创作、景物创作、花卉创作、动物创作，其中尤以人物及动植物题材见长。雕刻石料形体大小不一，随形设计，极大限制了艺人发挥想象空间；加上已经去掉的部分没有补救的可能，从而增加了技艺上的难度。紫石砚雕刻工艺是纯手工操作，每位工匠的刀法力度各具风格，对保留和遗弃的料块的处理方法也不尽相同，因此工艺传承是手口相传，是典型的非物质文化。潭柘紫石砚不仅是一种实用的文房器具，而且还是一件精美的艺术品，其精湛的雕刻艺术以及所表现出来的主题思想、艺术氛围，颇具欣赏性，观之可以从中得到美的享受。

形制与雕饰

一、杂式砚

砚的形制最多的是杂式砚，其中常见的有琴样砚、璧砚、笏砚、鼎砚、汉壶砚、鹰砚、山石砚、瓜砚、蟠桃砚、双鱼砚、琵琶砚、腰鼓砚等。据说早在宋代，仅端砚的形制就有50多种，歙砚也有近40种。潭柘紫石砚自试制成功以来，形制超过了100种，雕饰由简趋繁。到底还能有多少款式，根据社会发展还有无限空间，要不断创新，增加新品种，做到砚无定型，品类繁多无止境。

杂式砚大半是因材取形，加上精工雕琢，不仅形象逼真，而且富有艺术价值。从收藏和观赏的角度来看，是一些很有意思的品种。

二、风字砚

风字砚指的是上窄下宽、类似“风”字形状的砚台。这是一种很古老的形制，一般只刻有砚堂和砚池，不做过多的雕饰，显得简洁古朴，雅致大方。

风字砚在大致相同的情况下，也有一些细微的差异。古人将它们分为“垂裙风字”“平底风字”“有脚风字”“古样风字”“琴足风字”“凤池风字”“箕形砚”“斧形砚”等。这些砚的基本砚式都是类似风字，不过在雕刻上略有不同，使其更近似某种实物，从而增加了它的艺术性。

风字砚在古代之所以比较流行，据说是因为古人多席地而坐，凭借一张矮桌看书写字，也许是由于桌面较小的缘故，砚台一般都放在炕桌下面，这样风字砚使用起来比较方便。后来人们越来越多地使用高腿桌椅，桌面比较宽敞，砚台放在桌面上，无论是哪种砚式，使用起来都很方便，因此，砚形和砚式也就逐渐多样化。

古人们还经常提到凤字砚，其实风字砚与凤字砚在形式上是一致的。宋代大书法家米芾说："风字凤字，惟以有足无足辨别。有足则为凤字，无足便为风字。"这两种砚式的区别不在于基本形制，而在于有没有砚脚，有脚的就是凤字砚，平底的就是风字砚。现在，有脚的凤字砚不多了，常见的多是平底的风字砚。不过，潭柘紫石砚这两个品种都有，凤字砚比风字砚多了三条腿，相比之下比较费工，价格也相应的高一些了。

三、龟形砚

龟在中国文化中是一种以长寿著称的吉祥动物，古人以龟为灵物，曹操所作《龟虽寿》诗，流传千古。《易经》上讲"河出图，洛出书，圣人则之"，据说这个"洛书"，就是由"神龟负文而出，列于背，有数至于九"。早在几千年前，龟甲就被用于占卜，甚至谓卜为龟，称为龟笠，或者龟卜。

龟的形状椭圆而扁平，与椭圆形砚相近，特别是由于龟带有某种神秘色彩，所以成为人们心目中所宠爱的动物造型。因此，自古至今，人们一直仿照它的形状制砚，龟形砚也就逐渐成了一种传统的砚式，深受人们的喜爱。

龟形砚的雕刻一般以一个椭圆形的砚石作为龟身，砚石剖为两层，底层为砚面，刻砚堂、砚池，或独作墨海；上层为砚盖，刻龟背花纹，在砚体的上下两端，雕刻龟头与龟尾，作为砚柄使用；砚体底部雕刻四只龟足，作为砚足使用，这样放在书桌上就是一只造型逼真的龟形砚了。潭柘紫石砚的龟形砚是仿故宫博物院的龙龟外形，也分为上下两层，还有的制作了三层，底层龙龟为墨海，中层龙龟为墨池，上盖为小龟。这样一来就增加了艺术效果，深受消费者的欢迎。在清宫收藏的砚台中，有一方龟形洮砚，这方砚雕刻得异常精细，再加上绿色的石材，使龟的形象活灵活现，十分可爱。

与龟形砚相似的还有一些别的动物造型砚，例如牛形砚、马形砚、虎形砚、猪形砚、羊形砚、蛙形砚等。这些动物造型多取卧姿，尽量使其扁平，也是分为砚体和砚盖两层，合起来就是一只动物的雕刻形象。

值得一提的是虎形砚。虎形砚还有刻成虎符形的，在清宫藏砚中，就有几方古虎符砚。虎符为一种兵符，是古代调兵遣将的信物，一般是铜铸的，也有黄金铸成的。虎符多为虎形，背有铭文，分为两半，右半留中，左半授予统兵将帅或地方长官，调兵时，由使臣持符验核，方能生效。当然，虎符砚只不过是一种文房用具和欣赏品，并不能用它来调兵遣将。

四、直边砚

直边砚，顾名思义，即四边均为直线的砚，一般指长方形和正方形的砚，不含梯形的砚。直边又分为古样直边和双锦直边。自古以来，这种长方形和正方形的砚式最为常见，为砚的基本形制之一。

◎ 福砚（直边砚）◎

清代文人吴兰修在《端溪砚史》中说："砚以方为贵，浑朴为佳。宋谱米史所载，多不得其形制。今所行者，惟风字、月样、钟样、琴样、书样、壶样、圭样、璧样、双环、八棱、松皮、竹节、荷叶、桐叶、蕉叶、秋叶等样，皆就石体为之，终不如方砚浑朴可爱也。"

吴兰修所说的"宋谱"，指的是宋代文人所写的关于名砚鉴赏之类的书籍，例如苏易简的《砚谱》、唐积的《歙州砚谱》等；而"米史"则专指宋代大书法家米芾撰写的《砚史》。这些书籍是中国历史上最早的一批关于名砚介绍的专著。吴兰修认为，在各种砚形中，说只有“方砚浑朴可爱”，是有一定道理的，方砚不仅符合中国“端正方圆”的文化传统，而且也相当实用。如果根据砚材的形状雕成一些别的样式，的确会大大丰富砚形的多样性和美观性，但是如果过于追求造型奇特、雕刻繁缛，那反而会弄巧成拙，落到费力不讨好的地步。

古样直边的砚台一般都比较简单。如一方长方形的砚台，正面大部分刻作砚堂，方便研墨和运笔；砚堂上部连着砚池，根据砚池的式样，称为舍人、太师、内相、都堂、铭雀、只履和双履等。正方形砚除了墨海之外，较为常见的还有方城、端方、井田等。这类古样砚式，基本都没有雕饰图案，显得简洁清秀。

后来的长方形砚，多在砚额部位雕刻着龙凤、山水、瓜果、花鸟等多种图饰，一般都有某种吉祥的含义。如果说人们对砚最初只求古朴实用的话，后来则既讲究实用，又重视造型和图饰的美观。这样就使中国的砚文化逐渐升华，形成实用性和观赏性的完美结合。

砚的雕刻图案，即砚图，是丰富多彩的，不过也有一些最为常用的基本图案，如“二龙戏珠”“龙凤呈祥”“寿山福海”“海天旭日”“犀牛望月”“三阳开泰”“九重春色”“丹凤朝阳”等。至于雕刻工艺，那就更是八仙过海，各显神通了。

“双锦四直”指的是砚面、砚背都作雕饰的四直砚，砚背由于用不着雕刻砚堂、砚池，所以空闲的地方较大。古样四直的砚背，一般就不去雕刻什么图饰了，至于使用者自己刻上铭文等，那是另外一件事。“双锦四直”则是制砚人在砚背雕刻图饰，从而增加了砚的艺术性。还有些制作者将一方四直砚除了正面和背面之外，还在砚侧上也都雕有图饰，被称为“合欢四直”。砚侧上的雕饰由于受地方限制，所以一般多用虬龙、花草、觳纹等简洁图案，起到一种点缀的作用。

也有一些长方形砚或方形砚带有石盖，砚盖上面雕刻着各种图饰和诗文。不过这种带盖的石砚多为墨海，适合写大字或作画的需要。

五、竹节砚

把一节竹子劈成两半，在两个竹节之间的竹面平滑处，刻成一个椭圆形的砚堂，就是一方原始的竹节砚，也称为竹砚。这是用真正的竹子制作的砚台，出现的历史相当久远。

现在所说的竹节砚是用石材或澄泥制作的，只不过其砚形式仿照竹节砚的样式制成而已。这种砚一般为一略微弯曲的长方形，两端刻成竹节图案，当中雕有椭圆形或长方形的砚堂和砚池。整个砚台看上去如同一段竹片，显得别有风味。

类似这种竹节砚的还有松干砚。松干砚的砚形和竹节砚差不多，只不过砚上雕刻的图案换成了松树皮纹和松枝，看上去好像是在一段松树干上雕刻了砚堂和砚池，形象十分可爱。

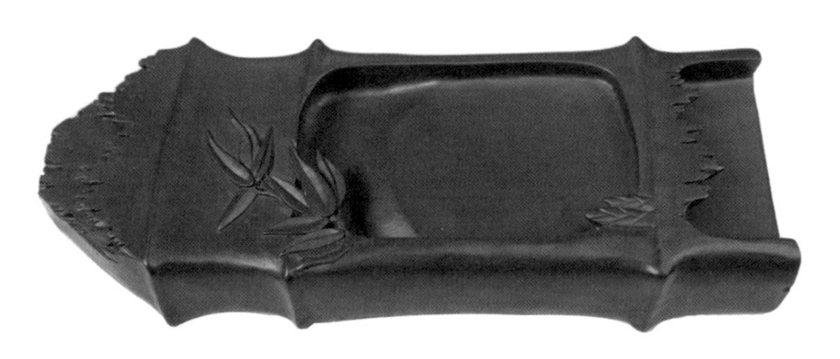

◎ 竹节砚 ◎

竹节砚和松干砚的文化内涵，不仅仅是松竹的自然美，重要的是它们所象征的一种高风亮节、不畏强暴的高贵精神。文人雅士无不喜爱松竹，历史上不知有多少诗文颂扬松竹的高洁。以松竹的形象作为图形制砚，有着悠远的历史，而且一直受到人们的欢迎。可以说，竹节砚和松干砚是名砚鉴赏者和收藏者必不可少的选择品种。

六、圆形砚

圆形砚古时又称“人面砚”，大体上可分为圆形和椭圆形两种。纯圆形砚多为墨海，一般分为砚体和砚盖两部分。通常是将整个砚体刻成一个大圆池，作为研墨和贮墨共用的墨海。砚缘和砚侧周边一般不作雕

◎ 圆形砚 ◎

饰。砚盖的大小取决于砚体的尺寸，盖好之后应该是严丝合缝的，以便保持墨汁久贮不涸。墨海的砚盖雕饰一般都很讲究，雕饰图案最简单的为阴刻，有画有诗；最复杂的为高浮雕，有些用透刀法雕刻出多层次的造型，或为云龙、或为山水、或为花鸟，玲珑剔透，十分美观。这种大型墨海由于贮墨量多，深受书法家们的欢迎。

椭圆形砚也多半有盖，不过砚体分为砚堂和砚池两个用墨部分，有些在砚池与砚额部位还雕刻某些小的图饰，如花草、瓜果、蝙蝠等。这种椭圆形砚一般为中小型，适合写中楷或者小楷时使用，砚盖上的雕饰图案一般比较简单，没有多层次的透刀雕刻，但各种浅浮雕图案依然清

◎ 椭圆形砚 ◎

雅美观。

古椭圆形砚图中，上部留一砚池的称为“玉堂砚”；中间的是椭圆形的砚堂，砚堂周围是一条环形砚池，这种古砚图称为“玉环砚”；也有些椭圆形砚下部刻成一个圆形的砚堂，上部刻成一道月牙形的砚池，这种式样的砚图称为“日月砚”。后来的椭圆形砚的砚图并不完全拘泥于古法，在着重实用性的同时，在艺术性方面也有所创新。

除了规则的圆形砚和椭圆形砚之外，还有些不规则的近似圆形或椭圆形的砚形，如卵形、瓜形、果形、鱼形等。这些不规则的砚石大多是因石而作，就料取形，稍作加工，自成一式。这种近似圆形和椭圆形的砚式，由于是就材施艺，所以多了一层天然趣味，大大丰富了圆形砚的鉴赏性。

七、钟形砚

钟形砚是指样式仿照古时候寺庙里的大钟或者朝廷权贵使用的编钟，以平面形式支撑的砚台。其基本形式一般上窄下宽，类似梯形。砚体的上下两端砚缘呈弧形，上端雕有一个吊环，整个形状像是一口大钟。

古时候的钟，不管是寺庙钟楼悬挂的大钟，还是官宦人家作为乐

◎ 钟形砚 ◎

器使用的编钟，都是一种庄严肃穆的吉祥物，从“钟鸣鼎食”“钟鼓乐之”等古人词句中足以看出钟在人们心中的崇高地位。在这种情况下，按照钟的图案制作钟形砚，就是很自然的事情了。

钟形砚的正面通常雕有砚堂、砚池和周边砚缘，除此之外一般不再雕刻其他图案，这样可以突出其古朴风格及注重实用的特点。砚背则模仿古钟上的图案，雕有云雷、蟠夔、黻绂等纹饰，一般还可有题铭。在清宫收藏的一方古端石云雷编钟砚的砚背上，雕刻有乾隆皇帝的一首铭诗：“编钟摹汉抑摹周，隐现雷纹云气流；水部设如方待扣，金声掷地亦相投。”这首七绝把这方编钟砚有声有色地描绘出来，更增加了这方古端砚的神韵和价值。

八、自然形砚

古时有“天然砚”，据说是在产好砚材的山川旷野偶然捡来的，几乎不用雕琢，就是一方好砚，保留其天然原形，更显得别有情趣。这种不加雕琢的天然砚又称“天砚”。

◎ 蚕桑叶砚（自然形砚）◎

据清代文人谢慎修在《谢式砚考》中记载，苏东坡珍藏的一方天砚，据说是他12岁时与一群小孩“凿地为戏”的时候得到的。这块异石“叩之铿然。试以为砚，甚发墨，顾无贮水处”。苏轼的父亲苏洵看后说：“是天砚也，有砚之德，而不足于形耳。”他认为能得到这方天砚是个祥瑞，嘱咐苏轼要永远保存好。苏洵还为这方天砚题写了铭文："一受其成，而不可更；或主于德，或全于形。均是二者，顾予安取；仰唇俯足，世固多有。"苏洵当年曾说这方异石主"文字之祥"，后来果然被他说中了，苏东坡成了一代文豪。苏东坡一生坎坷，即使在他遭受贬谪的时候，他也总是把这方捡来的天然砚带在身边，因为上面有他父亲的题铭。

像这种偶然得到天砚的故事，砚书上还有一些记载。例如，米芾就有一方天砚。据清代乾隆皇帝钦定的《西清砚谱》介绍，这方砚高5寸，宽7寸，厚1.2寸，系宋坑蠖村所产。"石色黄而黝，质理坚致，天然两峰，宾主拱揖；而左峰特耸秀，右峰下平、微凹，为受墨处；峰腰大小岩窦五，为砚池，有洩云决雨之势。峰顶镌篆书'天然'二字；左锋峭壁上刻'远岫奇峰'四字。"这方天砚后来为宫廷收藏。乾隆皇帝曾三次在上面题铭，可见对其的珍爱。他的首铭诗云："两山左右宾主分，天然景无斧凿痕；远岫奇峰足辩文，下有可泉际渚喷。宝晋松雪斋中宾，质古盖出宋蠖村；不知何时入畅春，所思旧物呈览陈。为之刮垢拂翳尘，绨几光耀席上珍；世载弃置嗟沉沦，一时喜逢如故人。宗仪砚山空嶙峋，适用真过琅玕珣；緊予别有戒心存，贤材宁无似此云？"后来乾隆又写道："不惟弃米兼珍赵，自是宜诗更入图；绨几似非存所乐，偷闲抚帖少工夫。"乾隆在米芾远岫奇峰砚上的第三次题铭是："远岫奇峰，米老贻秀，王孙宅亦藏之。宋元明即一瞬阅。纸墨笔斯四友宜竖，寓静而横寓动诗。为咏更画为垂设，如定武临真本，此实崇山峻岭披。乾隆御题。"

凡是能得到一方天砚的人，都认为这是件幸事。然而，有这种幸运的人毕竟不多，而崇尚自然的却大有人在，于是，便出现了自然形制的砚。

自然形砚中有歙砚，也有鲁砚中的徐工砚等。这种砚的特点是：形随石材，砚侧不一加雕琢；砚面则根据砚材的形状，雕刻成相应的图案。这种自然形砚一般较大，所以除了砚池之外，还有足够的地方刻上带有山川、树木、花鸟等野趣的图案，和毛皮式的砚侧及不规则的砚形相呼应，构成一方自然与人工处理协调的砚台，虽非天工，却亦自然。正像古代名砚鉴赏家潘家堂所说的那样："妙随材而适用，任师心而法古。"

像这种天然生成、不假人力的自然形砚，古时也有人使用。在《谢氏砚考》的砚图中，就有一方类似假山的"山砚"，除了砚堂和砚池是人工雕刻的以外，其余部分全是参差不齐的齿石，既似山峦起伏，又像一座假山，所以取名为"山砚"。

九、棱形砚

把一方砚制成几个等边的棱角，这就是棱形砚。其中最常见的是八棱砚，也有十二棱砚、六棱砚等。

八棱砚分为带柄和不带柄的两种。带柄的八棱砚主要是为了移动方便，大体上有两个类型：一类是将对称的两个棱角加工成柄，另一类是在对称的两个直边砚侧留有柄环。

八棱砚取八卦形状，多在砚背刻有八卦图案，也有的刻有星座名称。砚的正面雕饰一般比较简单，主要是一个大些的砚堂和一个小些的砚池，砚缘一般较宽，显得浑厚凝重。

在《西清砚谱》里，可以看到清宫藏砚中有几方八棱砚的图文介绍。在一方"仿唐观象砚"的砚背，乾隆皇帝题写了一则铭文："古圣观想，意在笔前。卦虽画八，理具先天。伊谁制砚，义阐韦编。四维四偶，匪方匪圆。弗设奇偶，全体备焉。玩辞是资，选石仿旃。滴露研珠，用佐穷年。"

通过乾隆皇帝的这则砚铭，可以了解到八棱砚是隐喻着某些天文地理等神圣含义的。这就是为什么贵为天子的乾隆皇帝，还要特地仿制一方唐八棱观象砚，并且以此来"滴露研珠，用佐穷年"了。

十二棱砚与八棱砚相似，只不过多了几个棱角而已。在北京潭柘紫石砚厂的藏砚中，有一方十二角的易水砚。制砚师傅将砚体刻成十二个棱角，当中琢成一个圆形的砚堂；然后巧妙地利用易水砚石料中有些为灰黑两层的颜色，在砚堂周围刻了十二生肖图；圆形的砚盖当中，雕有一幅黑鱼白鱼太极图，周围则刻着先天八卦图案，整个砚台构成一幅生肖八卦图饰，所以取名为“生肖八卦易水砚”，是砚林中造型与雕饰较好的精品之一。

此外，还有六棱砚。砚的上下两端为尖角，左右两侧为直缘。砚面多刻以圆形砚堂，上端刻一月牙形的砚池，构成一幅日月同辉的图案。

第三节

分类与特色

潭柘紫石砚归纳起来可分为十大门类，每个门类中又有几个系列，每个门类及系列中都有数百方定型砚产品，而每方砚通过举一反三，相互借鉴融合，又可以研发出若干衍生的砚产品来。砚的创意设计是千变万化的，这便造就了成品砚的千姿百态。多个不规则的紫石用同一个图案雕刻，制成的成品砚的形态各异；不同颜色带有瑕疵的紫石毛坯也可以通过巧妙的设计和俏色雕的艺术手法把缺点变成优点，使成品砚更能增值。

一、仿古类（历史文物复制）

此类砚又分为两个系列：一个系列为出土文物砚的复制，即把这些文物砚原形原样复制出来，达到以假乱真的艺术效果，活灵活现地展示到现代人们面前；另一个系列为宫廷御砚的复制，主要依托拓片及《西清砚谱》和天津艺术博物馆收藏的砚谱中的拓片及照片，以及故宫博物院现有的馆藏宫廷御砚的实物，通过拍照，按实际规格原样复制。文物砚的复制可以让人们了解各个历史时期的社会经济发展状况、当时社会风尚和风土人情以及当时社会文明及文化的发展状态。通过复制使昔日只能耳闻不能目睹的历史文物重见天日，以崭新的面貌和内涵展示在世人面前，更能激励人们弘扬和继承中华民族传统文化遗产的信念。

二、历史典故类

我国历史悠久，前人留下许多带有传奇色彩的故事，这些故事中有一些被人们总结为成语，使后人在学习运用成语的时候就会联系到历史上所发生的故事。例如“画龙点睛”，讲的是南朝梁代画家张僧繇在寺庙墙上画了四条龙，都没有点眼睛，说是点了眼睛龙就会飞走了。别人不信，一定要他点上，他刚把其中两条龙的眼睛点上，突然雷电大作，墙壁震破，两条龙就飞上天了，墙上只剩下还没有点眼睛的两条龙。画龙点睛比喻写文章和说话时，关键地方加一两句关键词，点明中心大意，可使全篇内容更加生动有力。

成语是历史典故或生活经历的精辟概括。砚台的设计也是一样，一方素砚只有砚池没有纹饰，只是用来写字用；如果刻上图案或文字，砚就有了文化内涵，让使用者有了欣赏和思考的理由。潭柘紫石砚在创意设计构思时增加了以历史典故为背景的文字或图案，此砚就成了历史典故的载体，既有实用价值，又有收藏价值、观赏价值，令人遐想，耐人寻味。潭柘紫石砚厂制作的此类砚台也有很多，每一方砚台都蕴藏着一个经典的历史典故。

“桃园三结义砚”蕴含的典故：三国历史时期，刘备、关羽、张飞在桃园结拜为兄弟，不求同年同月同日生，但求同年同月同日死。义字当先，同舟共济。三兄弟同甘共苦，同仇敌忾，打下了一片江山，称“汉”（蜀），与魏国、吴国成为三国鼎立之势，被人们传为佳话。

“紫气东来砚”蕴含的典故：传说老子过函谷关之前，关尹喜见有紫气从东而来，知道将有圣人过关，果然老子骑着青牛而来。旧时比喻吉祥的征兆，让人们联想到老子出关、传授《道德经》思想，天人合一的治世之道。

“伯乐相马砚”蕴含的典故：伯乐相传为秦穆公时的人，姓孙名阳，善相马，指个人或集体发现、推荐、培养和使用人才的人。如今人们常把领导干部善于发现人才，使用人才，提拔人才的人称之为“伯乐”。

“独占鳌头砚”蕴含的典故：鳌头是指宫殿门前台阶上的鳌鱼浮雕，科举进士发榜时，状元站此迎榜。科举时代鳌头指状元，比喻占首位或第一名。

“龙凤呈祥砚”蕴含的典故：相传龙凤呈祥乃是中华民族年代久远的爱情神话故事，男子为龙，女子为凤，相亲相爱喜结连理，过起了男耕女织的美好生活。繁衍生息，人丁兴旺，成一派和谐祥瑞之景象，后人得知原来是伏羲和女娲的传奇故事，便纷纷效仿延续至今。

“松鹤延年砚”（仿清乾隆御用砚）蕴含的典故：松是百木之长，常青不朽，是长寿和有志有节的象征。鹤为长寿之鸟，松鹤延年是长寿的意思。相传这是清乾隆皇帝三下江南巡访，随身携带批奏折写圣旨的御用之砚。该砚长12厘米，宽9厘米，分内外三层，外用两层为水盂及墨池，内为笔掭，笔掭上方有一灵芝深池可存墨汁，做工十分考究，精细雕琢有松鹤延年图案，象征吉祥长寿之意。该砚既仿古又有故事在其中，深受收藏者的喜爱。

◎ 松鹤延年砚 ◎

“新疆咏归砚”蕴含的典故：相传纪晓岚奏本直言惹怒了乾隆皇帝，被发配到迪化（今新疆乌鲁木齐）。几年后乾隆皇帝证实了纪晓岚奏本有理，故降旨将纪晓岚调回京城。纪晓岚回京途中到玉门关时，将随身携带之紫石砚刻上一首诗，命名为“新疆咏归”，留存纪念。

三、神话类

神话类可分为佛教题材系列和神话故事系列。在潭柘紫石砚设计中，取自佛教题材的很多，如释迦牟尼佛像砚、弥勒佛砚、观音菩萨砚、童子拜观音砚、五子闹佛砚、降龙罗汉砚、伏虎罗汉砚、西天取经砚等。

在神话故事系列中，有单龙出海砚、二龙戏珠砚、三龙闹云砚、四龙云海砚、五龙腾飞砚、六龙夺宝砚、七龙入海砚、八龙闹云砚、九龙斗法砚、哪吒闹海砚、金蟾如意砚、丹凤朝阳砚、宫廷献寿砚、龙龟砚、百鸟朝凤砚、寿星砚、双龙献寿砚、麒麟献宝砚、福禄寿喜砚、赤虎平安砚、八仙过海砚、麒麟送子砚、群仙祝寿砚、刘海戏金蟾砚、女娲补天砚等。

◎ 龙龟砚 ◎

四、花卉类

花卉类又可分为草本花卉砚系列和木本花卉系列。草本花卉系列中的兰花、水仙花、百合花、莲花、荷花、芍药花、牡丹花、菊花等，都可以在设计砚台时，根据紫石不同形状刻画在石料适当位置，起到对砚台的点缀作用；木本花卉系列中可将梅花、玉兰花、迎春花、牡丹花、月季花、木棉花、翠竹等，根据紫石不同形状，刻画在砚的适当位置，提高了砚的档次，增加了一种新的文化内涵。砚池与花卉图案遥相呼应，提高了砚的自身文化品位。

五、果蔬类

果蔬类又可以分为水果系列和蔬菜系列。适合设计到砚台的水果有桃（寓意寿桃）、葫芦（寓意福禄）、苹果（寓意平安）、石榴（寓意多子多福）、葡萄（寓意福寿多子）、柿子（寓意事事如意）等，祝福人们健康长寿，吉祥如意；蔬菜有佛手（寓意向善）、花生（寓意长生）、白菜（寓意纳百财）等。在砚的设计上可以点缀果蔬图案装饰，还可以直接设计成果实造型，如葫芦形、佛手形、南瓜形等。

在砚台的设计中，时常将花叶与动物昆虫等相结合，人们会感觉到有一种动感。如荷花与蜻蜓，荷叶与青蛙，荷叶与螃蟹，荷叶、鱼、竹节与蜘蛛或芭蕉与蜘蛛等。例如牡丹与蝴蝶，设计为两只蝴蝶在牡丹花上飞舞，人们结合起名叫“国色天香”或“富贵牡丹”等。综合起来，砚台就成了这些画面的载体，使砚台文化内容丰富，更有文化内涵。

◎ 福寿多多砚 ◎

六、山石树木类

此类主要有松树、柏树、杨树、柳树、桃树、李树、柿子树、椰子树、香蕉树等。其中松树更多一些，如松树与仙鹤雕琢在一起，名曰“松鹤延年”；松树与竹子和梅花放在一起，称“岁寒三友”；松树单独长在悬崖峭壁上傲然挺立，称“迎客松”，也是象征与客人之间友谊长存之意。很多古人赞美柏树，它通常象征长寿之意，但与柿子树搭配在一起，即称“百事如意”。潭柘寺就有这么一对柏树与柿子树长在一起，为取吉祥，很多人在柏树与柿子树之间拍照留念。杨树、柳树都在湖边岸边，平添如画风景，湖水中河流中又有游人划船，更有一番情趣。桃树往往出现在果实累累的秋季，以“仙桃祝寿”寓意桃李满天下，来赞美教书育人的老师教了很多学生，在各行各业都有出类拔萃的表现。有时在砚台的设计上还可以把山石、山水、树木综合在一起，雕成砚后是一个立体画面。这种砚台既可以用来写字作画，又可以欣赏立体山水画之美。根据石料形状，将山泉瀑布、古寺古庙都设计到砚台之中，更会令人赏心悦目，回味无穷。

◎ 沉思砚 ◎

七、十二生肖系列

人们非常熟悉“鼠、牛、虎、兔、龙、蛇、马、羊、猴、鸡、狗、猪”这十二生肖。1996年，潭柘紫石砚厂为朝鲜设计制作了一套生肖御铭砚。潭柘紫石砚厂选择优质原材料，巧妙设计，精心制作，为国家赢得了声誉。十二生肖砚的制作，是潭柘紫石砚厂多年来值得骄傲的一件事。

◎ 母子牛砚 ◎

八、动物类

此类可分为动物系列和昆虫系列。除了十二生肖以外，还有许多动物可以设计在砚台上的，如国宝熊猫砚、大象砚（寓意太平有象）、孔雀开屏砚、荷叶青蛙砚、坐井观天砚、金蟾如意砚、翠竹蝉鸣砚、鹤鹿同春砚、松鹤延年砚、喜鹊登梅砚、金鱼（谐音玉）满堂砚、狮子绣球砚、雄鹰展翅砚等。

昆虫系列有蜻蜓点水砚、蝶恋花砚、翠竹蝉鸣砚、蝈蝈白菜砚、蜜蜂采蜜砚等。

◎ 潭柘石鱼砚 ◎

◎ 二龙戏坛砚 ◎

九、自主创新类

这类石砚主要表现形式为传统与现代相融合，用传统技艺的表现手法设计制作出全新理念的作品。所制的石砚一般都是观赏砚或是巨型砚，体积比较大，表现内容丰富，用以景寓志的方法表现一个主题，或是惟妙惟肖地微缩一处著名的名胜古迹或者大型建筑。代表作品有重约800千克的“仿团城八怪砚”、重1200千克的“长城巨龙砚”、重1500千克的“颐和园全景砚”、为国家信访局迁新址设计制作重4吨多的“和谐玉海砚”、重4吨多“龙鼎砚海砚”、微缩的国家体育馆“鸟巢砚”、表现门头沟区文化内涵的“门头沟书砚”等。

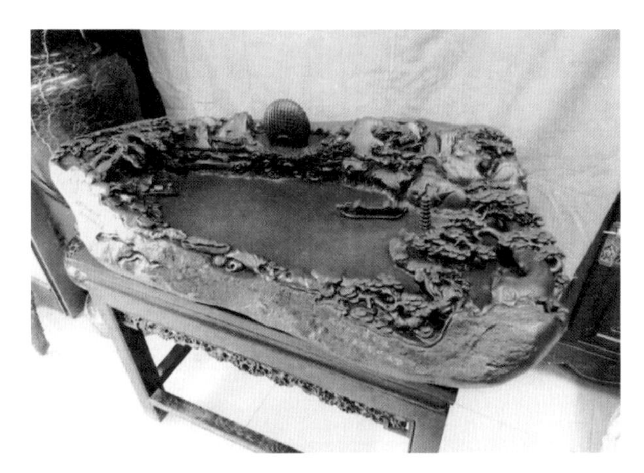

◎ 怀梦砚 ◎

◎ 永定河观景台砚底层 ◎

◎ 永定河观景台砚 ◎

十、旅游纪念品系列

砚台虽然是文化用品，但是随着旅游事业的不断发展，结合旅游文化的特点，还可以在砚台的设计方面，把潭柘紫石砚作为旅游文化的载体，那就是创新发展为旅游纪念品。旅游纪念品的特点应为：1. 有独特的地方文化特色，具有纪念的意义；2. 小巧玲珑，携带方便；3. 既有艺术砚的观赏性又有实用性。针对这些特点，紫石砚厂在设计研发旅游产品时，参考了各个旅游景区景点的标志性建筑。比如潭柘寺景区旅游产品系列中，潭柘寺山门、塔院的宝塔、潭柘寺石鱼、柏柿（谐音百事）如意树、潭柘寺卧佛、帝王树、延寿金刚塔、流杯亭及南龙北虎图案石槽等；戒台寺的五大名松、戒坛、千佛阁等；爨底下景区的民居古建，

◎ 随形树桩砚 ◎

“爨”字的百种写法等；门头沟区最具标志性的地标性建筑永定楼、定都阁、永定河观景台、福亭公园中的生肖艺术等。用浮雕的传统技艺表现手法，将这些标志性景物雕刻在携带方便的潭柘紫石砚背面，正面制作成仿制微缩模型，深受游客的欢迎。

在紫石砚厂研发旅游产品中，除门头沟元素类的产品外，还有北京元素的旅游产品，如天安门、天坛、八达岭长城、卢沟晓月、燕京八景、世纪坛等，潭柘紫石砚把这些北京特有元素，融入历史悠久的砚文化中，为现代旅游服务，可谓首都旅游市场上一个新的奇迹。

以上十类潭柘紫石砚分类不过是孔繁明厂长自己根据多年实践总结出来的，紫石砚产品不可能全部写进此书，只能选择具有代表性的产品，这些在后面的潭柘紫石砚砚谱中可以体现出来。

砚谱中有的是砚成品的实际照片，有的是按砚成品拓的拓片，还有的是设计稿图样。砚谱可以让读者全面了解潭柘紫石砚的制作中，设计需要的文化知识、美术知识、音乐知识和绘画技巧等；同时还可以让读者把握历史知识，了解历史典故中的故事情节。无论哪种形态、哪个年代的砚都是人类文明的宝贵财富，砚谱引导人们不断加深对砚的认识。

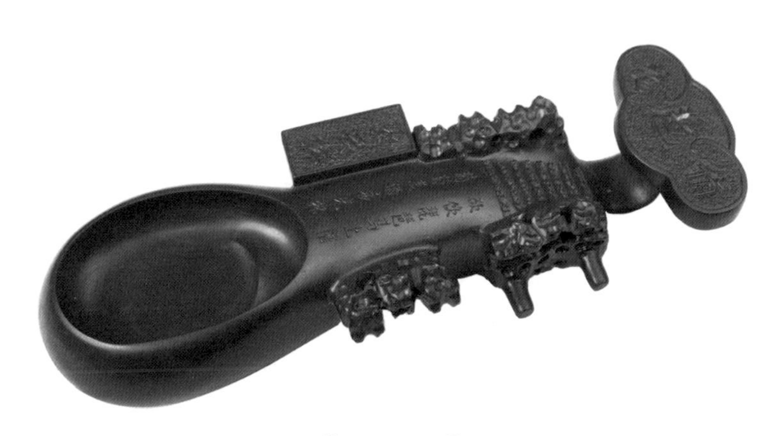

◎ 琵琶砚 ◎

譬如雕刻一方砚首先要考虑墨池的位置，设计出色的墨池可以起到画龙点睛的作用，令人过目不忘。墨池需与整体砚面和谐统一，比例恰当，线条需要简洁而完整，舒适而大方并带有文化性的动感。在砚的衬托下，一静一动，层次分明，让砚的动感反衬出制砚人的独创性和人文意识。简而言之，砚的设计需要抓住文化的精髓。砚在墨汁的浸润中演变，在笔的书写中发展，其实用性已沉淀于历史文化之中。

第四节

潭柘紫石砚雕刻技艺主要价值

潭柘紫石砚是中华民族的文化遗产。在历史上，潭柘紫石砚不仅曾经在北京地区被广泛使用，更重要的是它曾经被皇家设置制砚作坊专门制作成为皇家御用的宫廷御砚，积淀了厚重的文化底蕴。

一、国家权威机构对潭柘紫石砚给予了很高的评价

1987年7月，故宫博物院专家组对潭柘紫石砚进行了鉴评，由专职人员书写宫廷正楷，在历史上用于皇帝书写圣旨的特质纸上书写下了结论评语。专家对潭柘紫石的结论评语是："潭柘紫石，产于京西马鞍山，比邻潭柘寺，明季御用监，派内宫监再次监督采石，至今尚存，督办太监碑记。"

对潭柘紫石砚的鉴定后评语为："潭柘紫石砚，石质细腻，色泽深紫，蓄水不涸，研之发墨。堪与宋端溪老坑砚相媲美。"这可以说是国家级权威部门专家组对潭柘紫石砚这个北京市星火计划项目的产品开发研制的高度认可，也可以说是潭柘紫石砚的"国家级认证书"。

二、潭柘紫石砚被多位书画大师钟爱

1987年6月，在北京工艺美术行业协会会长范旭光的积极倡导、协调下，在各界有识之士的热心支持下，经过工艺美术专家孔繁明呕心沥血的潜心研究，明代皇家御砚终于重生了，经过专家研讨，正式为其定名"潭柘紫石砚"。这项壮举不但使这项隐迹了570多年的中华民族文化瑰宝得以重放异彩，而且还为北京市填补了一项空白。

潭柘紫石砚重现于世之后，很快地就受到了众多著名的书画大师的青睐，他们压抑不住喜悦的心情，纷纷为潭柘紫石砚题词。中国老年书画研究会理事、北京工艺美术行业协会会长范旭光的题词是"春华秋

实”；中国老年书画研究会副会长兼办公室主任李永高的题词是“砚中上品”；中国轻工部对外展览办公室主任苏立功的题词是“紫石砚开发，可富乡利民”；王府井工艺美术服务部第一任总经理毛金笙的题词是“质媲端歙”；市科委三处处长杨克的题词是“京都一绝”；雕塑大师刘海粟，书画艺术家吴作人、崔子范、周怀民、肖劳、董辰生、李凌云、黄苗子、魏传统、刘炳森、侯一民、董寿平、启功、李铎、黄胄、米南阳、胡絜青、孙墨佛、溥杰、舒同等也都为潭柘紫石砚题了词。辛亥革命老人孙墨佛的题词是“文房新宝”；故宫博物院顾问、国家文物鉴定委员会主任、大书法家启功先生的题词是“巧斫燕山骨，名标潭柘寺，发墨最宜书，日写千万字”；国画大师周怀民的题词是“紫玉之光”；中国书法家协会顾问、中国美术家协会会员、北京荣宝斋顾问、全国政协书画室主任、北京中国画研究会名誉会长董寿平的题词是“潭柘紫石，文房珍品”；北京市老市长焦若愚的题词是“砚魂”，全国政协副主席、中国佛教协会会长赵朴初的题词是他为潭柘紫石砚作的一首七言诗《潭柘紫石砚歌》。

三、潭柘紫石砚的雕刻具有较高的艺术价值

艺术永远是时代的产物，无论历代出土的文物砚，还是各博物馆馆藏的文物砚，砚铭中都镌刻有当时的风土人情或记事撰文。例如潭柘紫石砚厂接受故宫博物院的委托，为故宫博物院仿制的清代乾隆石鼓砚，一套共十方。这些石鼓砚背面砚铭刻有篆文，经郭沫若考证，其篆文镌刻于公元前2800多年的西周时代，记述了周宣王渔猎的过程，正面上方刻有乾隆帝用小楷字翻译背面的撰文。十篇文章共305个字，却分别刻在十方古砚的背面，文字精练，短小精悍，描述了帝王出宫时车水马龙、前呼后拥的宏大场面。砚铭中刻有几千年以前的人和事，通过砚铭，后人能够了解到几千年前封建社会的一个侧面。

又如，2003年潭柘紫石砚厂通过竞争中标，争取到了由国家文物局、中国文物学会、田汉基金会授权，将“纪晓岚九十九砚斋”中的八方宫廷御砚拓片仿制成实物珍品的任务。纪晓岚是清朝大学士、《四库

全书》总纂官，平生喜欢收藏名砚，并为之题铭篆刻。这八方名砚的砚铭中，有乾隆皇帝书写真迹、嘉庆帝书写真迹和纪晓岚书写真迹。这次仿制要求精选石料，字体仿拓片真迹篆刻，既能体现文化艺术价值，又因数量极少而极具收藏价值。潭柘紫石砚的仿制品，完全达到了以上要求。仅此一例便完全可以证明，潭柘紫石砚是历史传统文化的载体。

潭柘紫石砚于1994年被国家旅游局等四大部门评定为“全国旅游产品定点产品”，由北京潭柘紫石砚厂独家生产，独具北京地方文化特色，成为北京市的一张名片。作为国家级的旅游纪念品，潭柘紫石砚在设计上增加了一些具有北京特色的背景元素，如天安门、天坛、长城、燕京八景、卢沟晓月、鸟巢、潭柘寺的山门、塔院的名塔、帝王树、流杯亭、戒台寺的名松“抱塔松”、中国历史文化名村的一些标志性建筑等，都可以设计雕刻。在携带方便的潭柘紫石砚的背面，还可以刻上文明旅游用语，扩大旅游业正能量宣传。还可以将名人名言雕刻在砚的背面或侧面，使潭柘紫石砚更具有文化内涵。

潭柘紫石砚厂为了推动门头沟区的经济发展，开发出了门头沟风景砚。正面砚池周边刻有八卦图案，侧面分别刻有门头沟区的经典标志性图案，如潭柘寺山门、戒台寺的千佛阁、妙峰山全貌风景、爨底下的民居、灵山桦树林及牦牛、百花山迷人的野花、有“京西小九寨沟”美称的双龙峡、坐拥“亚洲第一拱桥”的珍珠湖等。

在“门头沟书砚”中，封面刻有介绍门头沟生态环境优美的隶书篆刻内容，封页背面是千年古刹潭柘寺、戒台寺、爨底下民居的浮雕。砚池设计为门头沟区地形图形状。

这些旅游产品既实用，又有纪念意义，以后在使用时仍然可以回想起到门头沟旅游的画面。旅游纪念品是旅游业中的重要元素之一，在积极创新旅游纪念品中，潭柘紫石砚是走在旅游行业中的佼佼者。如为2008年北京奥运会会址鸟巢设计的按比例微缩模型砚，在产品简介中介绍了奥运会盛况的奇特场面、中国运动健儿拿了多少奖牌等内容，深受游客喜爱，每天销售达500多方，而且带动了雕漆四宝盒：印泥、图章、毛笔、墨块的热销。所以说，潭柘紫石砚作为一种特殊的旅游商品，不但促进了旅游业的发展，而且还成了宣传旅游文化的载体。

第四章 潭柘紫石砚雕刻技艺传承

第一节　雕刻技艺的传承谱系
第二节　主要传承人介绍
第三节　雕刻技艺的现状与保护

石砚的制作环节中，最主要的就是雕刻。在明清时期，宫廷设有专为皇家制作器物的造办处，造办处设有制砚作坊，专门为皇家制作石砚，那里的工匠雕刻技术都是一流的，非民间工匠所能相比。潭柘紫石砚的雕刻技艺是与皇家造办处的制砚技术一脉相承的，所以制出的潭柘紫石砚才具有宫廷的气韵，这也正体现了潭柘紫石砚的宝贵之处。

第一节 雕刻技艺的传承谱系

潭柘紫石砚是手工雕刻的艺术品，其雕刻技艺是一项民间瑰宝，如果这项技艺失传了，那么潭柘紫石砚也就寿终正寝了。老工匠们多年从事雕刻工艺，积累了许多经验，摸索出许多雕刻的技巧，要把这些宝贵的经验和技巧代代相传，才能使潭柘紫石砚雕刻技艺流传下去。潭柘紫石砚虽然是在1986年被重新研制出来的，但它的雕刻工艺却是历史悠久，并且来自清宫造办处，是皇家雕刻艺术在民间的应用，这就更增加了这种雕刻技艺的重要性。

潭柘紫石砚雕刻技艺的传承谱系如下：

洪国森：清宫造办处制砚工匠，曾为康有为、梁启超、谭嗣同制过石砚。清廷倒台后洪国森离开宫廷，在琉璃厂创办了经营文房四宝的清辉阁，意为“延续清宫艺术之辉煌”。1955年去世。

杨俊明：1911年生，12岁开始跟舅父洪国森学习33年，是名副其实的宫廷御砚传人。新中国成立后一直给荣宝斋、四宝堂、天宫阁等经营文房四宝的商店雕刻砚台。1988年，经启功先生推荐来到北京潭柘紫石砚厂，从事潭柘紫石砚的雕刻指导工作，带徒传艺，工作6年，1994年离厂回家，1996年去世。

孔繁明：1945年生，1987年开始研制开发潭柘紫石砚，拜杨俊明为师，学习潭柘紫石砚的雕刻技艺。他还是潭柘紫石砚命名人和“潭柘寺”牌北京市著名商标策划注册人。他主持开发的潭柘紫石砚得到故宫博物院的高度认可，并为故宫复制了一些有价值的珍贵文物砚品。孔繁明为潭柘紫石砚付出了30多年心血，潭柘紫石砚成了他生命中的一部分。他熟知宫廷御砚之风格，并熟练掌握宫廷御砚之技艺，30多年来几乎参与了所有巨型砚的设计工作，经他亲手制作的紫石砚数以万计。2008年经市文化局评审，将孔繁明定为潭柘紫石砚雕刻技艺代表性传承人。

孔祥斌：1972年生，潭柘紫石砚雕刻技艺传承人孔繁明之子。孔祥斌自幼喜欢美术美工，初中毕业后，他放弃复习考高中的机会，一心想到紫石砚厂上班。当时正好杨俊明老师傅在厂工作，孔祥斌就成为杨老师傅的关门弟子，跟着师傅开始学习雕刻紫石砚了。师徒二人一个专心致志地学，一个全心全意地教，两年后，孔祥斌就掌握了宫廷御砚技艺和规律，能独立仿制宫廷御砚了。师徒二人一起相处6年时光，杨老师傅84岁高龄时，才恋恋不舍地离开心爱的制砚工作回家。此时，孔祥斌已经成熟运用各种制砚技巧，能够独立带徒施教了。从此孔祥斌在企业内担任了负责技术的副厂长兼任车间主任，安排生产车间生产任务和职工管理工作，可以说是子承父业，是非常敬业的传承人与接班人。

◎ 传授雕刻技艺 ◎

李小民：1972年生，1992年入厂开始学习雕刻紫石砚工作。1994年经厂管委会批准，正式由孔祥斌收为徒弟。李小民很喜欢这行工作，他与师傅孔祥斌虽然年龄相仿，但非常尊重师傅。他刻苦好学，工作踏实，而且练得一手俊秀的小楷，仿清代皇帝的御笔题字，能够随手就刻，而且逼真。他至今仍孜孜不倦地学习着潭柘紫石砚雕刻技艺，所以可被列为传承人的后备技艺继承人。

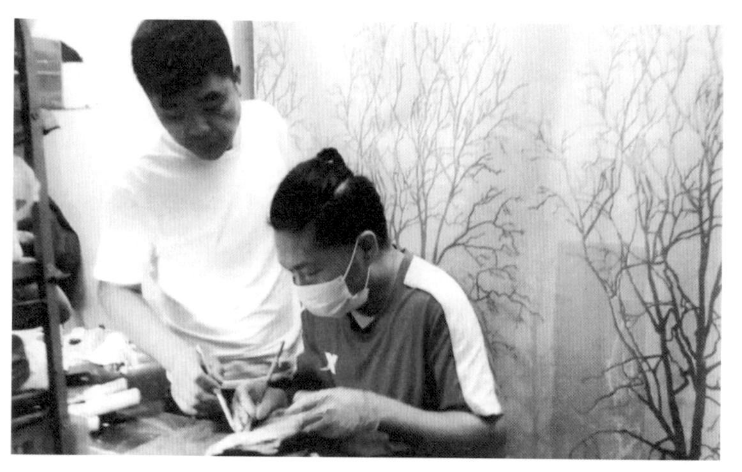

◎ 孔祥斌正在给徒弟李小民指导雕刻技艺 ◎

从杨俊明到孔繁明，到孔祥斌，再到李小民，潭柘紫石砚的雕刻技艺至今已经传承了四代。

第二节

主要传承人介绍

潭柘紫石砚是纯手工制作出来的工艺品，从选材到设计、绘图、雕刻，无不熔铸着工匠的聪明才智和文化修养，可以说，每一件产品都是工匠心血的凝结和情感的结晶。这些精美的艺术品都是人创造出来的，没有那些钟情于潭柘紫石砚的人，就不会有潭柘紫石砚的重生。

一、宫廷御砚制作技术传人杨俊明

潭柘紫石砚能够有今天的成就，宫廷御砚制作技术传人杨俊明功不可没。在潭柘紫石砚试制初期，星火计划领导小组决定，制作的潭柘紫石砚为宫廷御砚风格，要求“设计上仿明清古砚，造型古朴典雅，图饰简约美观，刀法浅刻有力，线条明快流畅”。这是一个很高的标准，制砚工人需要有一定的理论基础和相应的技术，否则是无法胜任的。尽管有市政府顾问和中央工艺美术学院（1999年11月20日并入清华大学，更名为清华大学美术学院）专家作指导，但是缺少实践经验，做好的成品砚与故宫博物院的宫廷御砚相比较，总是有一些差距，急需有实践经验的师傅进行指导。

杨俊明，1911年生于北京，12岁到琉璃厂清辉阁跟舅父洪国森学习。洪国森是清辉阁掌柜，原为清宫造办处制砚工匠，曾给康有为、谭嗣同、梁启超等刻过砚台，其中以端砚居多。为延续清代宫廷刻砚技艺，他为自己的铺号取名为“清辉阁”。洪国森深谙端砚、歙砚、洮砚、松花砚、贺兰砚等，并都亲手刻制过。杨俊明跟舅父一干就是30多年，理所当然成了宫廷御砚传人。后来，中国书法协会主席启功先生把他推荐给了孔繁明。

如果能够得到这样的制砚高手，那对于制作潭柘紫石砚将是一个重大的帮助，孔繁明欣喜不已，当天下午就到景山后街中老胡同12号院去拜访了杨老师傅。刘备三顾茅庐，是为了请诸葛亮出山，帮助他打天下，孔繁明为了请杨老师傅出山，开创潭柘紫石砚一片天地，在20天里就往杨老师傅家跑了十多趟，几乎是隔一天去一次，终于感动了这位老人家。杨老师傅子女也同意了，不过再三嘱咐孔繁明："老爷子已经是77岁高龄了，虽然身体还好，但毕竟年岁已高，可以先去厂子看看情况，你们有什么要问的一块都提出来，让他给说说，然后你们得把我父亲送回来。"

就这样，1988年6月，杨老师傅来到潭柘紫石砚厂住下，进行传帮带工作。他不但把自己的技艺无私地传给了徒弟们，还自制了一些不同寻常的刻砚工具，很实用也很省力。更加难能可贵的是，杨老师傅把自己多年来所积累的制砚资料、心得笔记、曾经在制砚过程中所用的历史典故书籍、国内制砚名家介绍、珍贵的故宫博物院民国二十四年（1935年）台历上的古砚谱以及仿清代乾隆石鼓砚正反两面的拓片、承德避暑山庄收藏的宫廷御砚拓片等，全部都奉献了出来，交给孔繁明保管，可随时供车间职工参考、临摹。更加可贵的是，杨老师傅用自己的工资为车间职工买参考资料，置办雕刻工具等，从不在企业报销。

杨老师傅在砚厂一干就是六年，留下了很多珍贵资料。他把自己在制砚过程中总结的很多规律性经验用格言的形式写出来，对现在制砚的初学者有很大帮助。他亲手制作的砚台至今保存完好，作为今后企业在制砚中永远的参照样品。

二、使潭柘紫石砚重生的孔繁明

孔繁明，1945年出生，潭柘紫石砚的开发者，潭柘紫石砚的命名人，"潭柘寺"牌著名商标策划人、注册人、北京市非物质文化遗产紫石砚雕刻技艺代表性传承人。

在开发研制潭柘紫石砚之前，孔繁明在镇办企业已经做了十几年的生产经营管理工作，负责过农业机械维修，机加工铸造，汽车运输修配等工作。转入工艺品行业以后，他组织生产过出口长毛绒玩具和加工生产自己研制的专利产品——NF艺术瓷，还加工生产过木雕家具、珠宝

◎ 潭柘紫石砚雕刻技艺传承人孔繁明 ◎

玉器等。

接受了开发研制潭柘紫石砚的任务后，孔繁明投身于潭柘紫石砚制作工作中30多年来坚持不懈，孜孜不倦，始终如一。他觉得制作潭柘紫石砚前途无量，海内外都拥有潜在广阔市场。“越是民族的越是世界的”，潭柘紫石砚是中华民族的文化遗产，是载入史册的文化遗产产品，承担着承上启下的历史责任。

为了更好地制作紫石砚，孔繁明拜老制砚匠人杨俊明为师，经过多年殚精竭虑、刻苦钻研的学习过程，终于得到了杨老师傅的真传。孔繁明不仅雕刻技艺精湛，而且还善于选料、设计和制图，精通制砚的十道工序，其中最拿手的就是雕刻，紫石砚厂制作的所有巨型砚上都留下了他的汗水。随着潭柘紫石砚知名度的不断提高，企业荣获多项殊荣，孔繁明也多次荣获国家级、市级等先进荣誉，荣获北京市劳动模范的光荣称号。经过几十年的辛勤耕耘，潭柘紫石砚已成为著名书画家收藏的珍品和高品位的国礼。

潭柘紫石砚雕刻技艺的传承是潭柘紫石砚发展的根基，只有培养培训更多的雕刻技艺人才，才能形成一定的生产规模，潭柘紫石砚产品才能做大、做强、做精，才能提高市场占有率。孔繁明不但在厂内增加培训力度，还免费为农村剩余劳动力、下岗工人和愿意学习雕刻专业技艺的无业者培训，培养他们对潭柘紫石砚雕刻技艺的兴趣。这样做一是可以使他们学会一门专业技能，增加就业机会，培训合格者还可自愿与该厂签订劳动合同安排雕刻工作；二是可以让他们在家雕刻成品，然后交给公司，按质论价，由公司收购，成为本地区一个资源共享，互利互赢的平台。

三、青年才俊孔祥斌

孔祥斌，1972年生，孔繁明之子。1988年，刚刚中学毕业的孔祥斌，准备复习一年后考高中，但就在此时，他被潭柘紫石砚厂热火朝天的磨玉车间吸引了。这里的工人都是20岁左右的年轻人，有说有笑地干着活儿。孔祥斌每天都要到车间看上几个小时，磨玉、打光、锁眼、刻砚、过蜡，每道工艺他都要认真看个究竟。有一天孔繁明下班回家，听孔祥斌房间有凿石头的声音，他推开门一看，原来是儿子在用紫石做砚台。孔繁明严肃地问是谁给的工具和紫石，孔祥斌抬起头来解释说："我去你们厂杨老师傅那屋好几次了，我在旁边看着他做砚台，他问我是哪来的小子，这几天就跟这儿看。旁边的宋姐说我是厂长的儿子。杨老师傅一听乐了，问我怎么没上学呀，我告诉他我毕业了。老杨师傅问我多大了，我说16岁了，他又问我想学刻砚台吗，我说想学。杨老师傅

◎ 学习雕刻技艺 ◎

说他做学徒那会儿还没我大呢。我说您要教我就来学，杨老师傅笑着说那好啊，咱们今天就学，我给你找好工具和石头，给你画好线，记住凿时不许碰线，贴着线往里凿，铲平，明天拿来给我看。”孔繁明说：“你还小，应该先上学。”孔祥斌执拗地说：“杨老师傅说了，只要喜欢就行，他做学徒那会儿比我还小呢，他都给我画好线，送给我工具了。”

一连数日，孔繁明看儿子确实喜爱紫石砚，只好由他去了。后来孔繁明对杨老师傅说：“既然孩子喜欢就让他留在您身边吧，教他学制砚。他从小就喜欢画画，有点儿美术基础，看来他想入这一行。”

就这样，尚不满18周岁的孔祥斌于1988年9月成了紫石砚厂的职工和杨老师傅的关门弟子。一老一小朝夕相处，孔祥斌早来晚走，有时候晚上也在杨老师傅的工作室，翻看杨老师傅带来的各种历史资料。孔祥斌从杨老师傅身上学到了很多制砚方面的知识和规律，还学会了砚铭行、楷、隶、篆的雕刻技法。1996年，他被团中央授予“全国十佳青年星火计划带头人”的荣誉称号。

2003年4月，在国家文物局、中国文物学会、田汉基金会联合举办的“纪晓岚九十九砚斋藏砚”仿真品雕刻招标会上，十八家投标制砚企业都摩拳擦掌地摆开争取中标的架势。最后孔祥斌以制砚99分、砚铭篆

◎ 孔祥斌与自己的作品合影 ◎

刻仿真98.5分的最高分成绩一举中标，并荣获了“青年砚刻家”的光荣称号。

2007年，孔祥斌带领团队不分昼夜，仅用了38天就完成了重达4吨多的巨型砚海“和谐玉海砚”。市委、市政府发来感谢信，称赞了企业的创新精神，并对企业职工数九寒天攻坚克难圆满完成任务表示了赞扬。

◎ 孔祥斌带领徒弟们共同制作和谐玉海砚 ◎

◎ 安装和谐玉海砚 ◎

2009年，孔祥斌负责从创意设计到组织、指导、施工雕刻又一件巨型艺术品——“龙鼎砚海”，这座砚海整体造型仍采用随自然石依型造势、依势象形的方法，以海浪的不同形式表现主题思想。它标志着作者孔祥斌艺术生涯中又完成一件里程碑式的艺术作品，制砚技术又提高了一个层次。但孔祥斌作为传承人，并未止步于此，他还有更高更远的追求。

◎ 龙鼎砚海半成品 ◎

第三节

雕刻技艺的现状与保护

潭柘紫石砚自明英宗时期开始，就以宫廷御砚的形式由皇家专制专用，皇上亦赏赐给有功的王公大臣。在制砚风格上汲取了全国各地州府进贡砚品的精华，自然成为我国北方石砚的代表作品，堪与南方的端砚、歙砚相媲美，有着丰厚的历史价值、艺术价值和经济价值。

一、潭柘紫石砚雕刻技艺的水平

孔繁明、孔祥斌得到了杨俊明老师傅的真传后，结合自己的艺术修养和创新精神，将制砚的雕刻技艺上升到了一个新的层面。例如受到原国务院总理李鹏高度赞扬的长城巨龙砚（重达1.2吨），被专家评为“当代绝品”。还有皇家园林微缩景观的颐和园巨砚（重达1.5吨）及前文已介绍的和谐玉海砚，以其独具创新的精心设计及特有的高端雕刻艺术造型赢得了人们的喜爱。

二、潭柘紫石砚制作面临的窘境

保持制作高质量的潭柘紫石砚，需要具备充足的原材料和文化素质高、技艺精湛、后继有人的工匠，这两点也恰恰是砚厂的短板，使潭柘紫石砚的生产面临着窘境。

第一，制作潭柘紫石砚所使用的潭柘紫石料，属于资源性开采，出于环境保护和资源保护的需要，现已受到限制，使潭柘紫石砚生产处于“找米下锅”的状态。

第二，北京潭柘紫石砚厂属于集体所有制企业，雕刻艺人收入比较低，难以留住人，学徒出现了断续现象。而老艺人杨俊明已经过世，另几位老艺人的年纪也已在70岁以上，年轻人接续不上，雕刻技艺面临着断档失传的危险。如何把砚雕这一民族优秀手工艺传承下去，这一问题已经迫在眉睫。

三、潭柘紫石砚雕刻技艺传承中的保护措施

为了传续潭柘紫石砚的雕刻技艺，保证紫石砚的生产，紫石砚厂制定了一系列的保护措施。

第一，加大潭柘紫石砚“北京市著名商标”的宣传力度，依法维护“潭柘寺”牌商标的合法权益，进一步提高潭柘紫石砚的知名度，开拓更加广阔的市场，开展对职工进行“争做传统文化传承人，提高技艺水平”活动，经常举办潭柘紫石砚雕刻技艺培训班，做好普及传承工作。

第二，整理潭柘紫石砚的历史资料和作品册页。扩大潭柘紫石砚作品展示大厅的规模，展示潭柘紫石砚作品风采。

第三，争取各级政府部门领导的支持，对潭柘紫石要有地方政策保护性开采的措施，以法规条款做保证。制订采石与生态保护相协调的计划，有序开采潭柘紫石。

第四，建立年轻职工潭柘紫石砚雕刻技艺评级制度，在保证传统潭柘紫石砚雕刻技艺的同时，开展雕刻作品的创作活动，促进职工钻研雕刻技艺的积极性。改善职工的生产环境，做好职工的防尘保护措施，提高职工劳保待遇。每年进行职工体检，确实保证职工健康。

四、制订保护计划

2005年，为配合北京潭柘紫石砚雕刻工艺申报北京市非物质文化遗产名录，潭柘紫石砚厂曾拟订五年保护计划。

（一）保护内容

第一，仿制宫廷藏砚。从纪晓岚“九十九砚斋”藏砚中选出珍品八方（黄钟大吕、太极茶宴、文人风骨、宋风清御、羲之雅风、观弈道人、新疆咏归、青州红丝），独家开发精工制作仿真品，并由中国文物学会监制，供国内外收藏家收藏、鉴赏。

第二，通过与媒体、学术界的合作，深入研究整理北京潭柘紫石砚制作艺术成就，拍摄纪录片，出版书籍，为国家留下比较完整的文字资

料和数字影像资料。

第三，选拔优秀雕刻艺人传承弟子，培养接班人。

（二）保护机制

第一，政策保障。按照《国家民间艺术保护条例文件汇编》的文件精神，由政府相关部门制订区域民保政策和审定保护计划，发挥组织、监督、协作作用，落实保护计划。

第二，机构保障。由政府相关部门参加，以北京潭柘紫石砚厂为主，建立“非物质文化遗产保护领导小组”，统一部署保护工作。

第三，资金保障。自2007年至2011年，通过政府扶持、企业自筹和社会集资等形式，筹措资金500万元，分5年投入，保证资金落实。

第四，人员保障。组织孔繁明、孔祥斌家族中有雕刻技艺的宗亲和一些能力较强的工艺师，或在社会上招募有识之士，组成老、中、青砚雕工艺队伍。

第五，场地保障。在现有厂房、设施基础上，增加展厅和培训教室，有单独的财务和管理系统。

第六，原料保障。潭柘紫石原料在潭柘寺镇阳坡园村开采，由政府部门制订限量开采计划并解决石料场权属问题。

第五章

潭柘紫石砚的『砚缘』

第一节　支持试制紫石砚的各界人士
第二节　书画名家与潭柘紫石砚的故事
第三节　作为国礼的潭柘紫石砚

潭柘紫石砚石质细腻，色泽深紫，蓄水不涸，研之发墨，不损笔毫，重现世间之后，很快被众多书画名家视为珍宝。

一方石砚来历不凡，石材在自然界中形成，历经了千万年的磨砺，再通过制砚工匠优中选优，经过设计、切割、雕刻、打磨等多道工序，才能成为产品。石砚是有生命的，用砚或藏砚者能否得到一方自己喜爱的石砚，要看机遇，这个机遇就是“砚缘”。所谓“有缘千里来相会，无缘对面不相逢”，讲的就是这个道理。

第一节 支持试制紫石砚的各界人士

潭柘紫石砚能够试制成功重新面世，并且有了今天的辉煌，这不是依靠某位个人的能力就能够做到的，这其中凝聚了一大批人的心血，与社会各界众多有识之士的支持和帮助是分不开的。在潭柘紫石砚的试制过程中，他们凭借自己的优势和专长，从不同的角度给予了有力的支持。没有他们的支持和帮助，潭柘紫石砚的试制工作不仅困难重重，而且还可能夭折。从这个角度上来说，他们同样也是使潭柘紫石砚能够重生的功臣。

一、资深考古学家李久芳

在潭柘紫石砚的试制过程中，故宫博物院历史组资深考古专家李久芳先生提供了详尽、准确的历史资料，这是对试制工作的有力支持和帮助。

潭柘紫石砚厂厂长孔繁明与李久芳相识于1986年6月。当时在接受北京市科委星火计划项目以后，孔繁明仅凭市科委的一封介绍信到故宫博物院历史组找李久芳求助，得到了热情接待。李久芳问孔繁明想了解哪些方面的情况，孔繁明提出了以下问题：1. 马鞍石被引进故宫的时间；2. 紫石被用在哪些建筑物上；3. 紫石的用途；4. 故宫所藏紫石砚中是否有马鞍山紫石的。李久芳一一做下记录后表示，孔繁明所提出的这些问题都是开发星火计划产品的重要历史依据，今后需要故宫博物院做些什么，他一定会鼎力相助。

一个月以后，孔繁明又一次走进故宫博物院历史组办公室。李久芳表示上次孔繁明提出的四个问题，有的可以明确肯定，有的需要进一步证实。李久芳说，马鞍山紫石是明正统年间引进故宫的，历史上有碑刻可以做证，现场的碑文与宫廷的记载相吻合。从记载上看，只有当时奉天殿内皇上宝座下的基石，为了象征尊严尊贵吉祥之意，重修时用了马鞍山紫石。现在外面能看到的有乾清宫前铜龟铜鹤下的底座为紫石，御花园的围杆栏板中有九根立柱是用紫石雕琢而成的。至于砚台，只能说有潭柘紫石砚的珍品，因为紫石砚与紫端砚非常相似，肉眼无法分辨，手摸同样细腻光滑。只能通过地质部门化验矿物质成分和化学成分科学手段确定，不过明代故宫内务府造办处确实设有制砚作坊。

后来在潭柘紫石砚冠名座谈会上，李久芳代表故宫博物院对“潭柘紫石砚”这一名称予以认可。1987年7月，孔繁明受星火计划领导小组委托，又一次去故宫博物院。为了证明潭柘紫石砚是明代宫廷御砚，李久芳与院领导请专家组鉴评，由专职人员书写宫廷正楷，结论评语全文是：“潭柘紫石，产于京西马鞍山，此邻潭柘寺，明季御用监，派内宫监再次监督采石，至今尚存督办太监碑记。”证明明英宗朝重修奉天殿时，确实开采并使用了京西马鞍山紫石。

第一次取回故宫博物院评语后，市政府顾问和中国老年书画研究会艺术家们认真阅读推敲，提出“此”邻潭柘寺，应该改为“比”邻潭柘寺。孔繁明只好再次来到故宫博物院，由李久芳协调重写结论评语，将“此”字改为“比”字。李久芳提请院领导，既然是以故宫博物院的名义，应该加盖故宫博物院的公章。因此两份评语题词一个盖了公章，一个没盖章，都成了非物质文化遗产的传家宝。

2000年是跨世纪的一年，门头沟区政府在双峪环岛建造了一座城市雕塑“科技之星”，象征着以科学技术带动门头沟区的崛起。区政府决定用故宫博物院写潭柘紫石砚评语的宫廷正楷书写与雕塑配套的“崛起”二字，孔繁明负责。孔繁明再一次到故宫博物院找到李久芳，协调书写了“崛起”二字，为“科技之星”雕塑增添了光彩。

李久芳不但在潭柘紫石砚开发期间给予了无私的帮助，在企业生产经营中也竭尽所能地给予支持，在紫石砚厂为故宫博物院复制宫廷御砚工作中，又提供了大量的故宫藏砚砚谱照片，而且从未要回报，是对潭柘紫石砚有特殊贡献的人。

二、中央工艺美术学院雕塑系主任李得利

中央工艺美术学院雕塑系主任李得利先生在潭柘紫石砚的试制过程中，自己编写教材，到制砚厂去开班授课，向那些原来是在农村干农活的制砚工人讲解雕塑的理论，传授工具的使用方法和雕塑技艺，使他们能够逐步地适应制砚工作。

关于李得利与潭柘紫石砚的渊源，还要从孔繁明厂长拜访中央工艺美术学院副院长阿老说起。当时孔繁明提出，请阿老帮助协调安排培训砚雕工人，在设计、绘画、雕刻、篆刻等方面提高工人综合素质的老师的时候，阿老与市政府顾问苏立功商量说：“孔厂长这项目是北京市星火计划，你是轻工部的代表人物，这是你出面就可以指定的事。”苏立功说：“你那边先物色人选，我这边与部领导打个招呼，出个介绍信就可以了。”

阿老先与雕塑系主任李得利商量，李得利建议由他本人先去企业了解一下情况。阿老又联系了孔繁明，三人约定一同去制砚厂考察。

隔日，三人来到制砚厂考察。李得利与多位制砚工人进行了交谈，发现他们只会照猫画虎地雕刻砚台，连最基本的美术基础都不具备。原来这些工人之前都是在农村干农活的劳动力，招到企业后就进车间干雕刻。玉器用钻石粉工具半机器化生产，砚台则需用手工雕刻，可他们连如何使用工具都不会。

李得利考察后提出几点建议：首先，要切合实际让工人看懂教材，

◎ 中央工艺美术学院雕塑系主任李得利（右二）来企业为职工讲课培训 ◎

如浮雕的基础知识；其次，工人进厂后应先进行培训，会使用工具了再进车间；最后，培训应循序渐进，规范工人按实用教材逐步由简单到复杂，由单一到烦琐，步步深入，这样才能出成果。

阿老最后问李得利由谁来指导培训，李得利表示目前没有合适人选，先由他把这一任务承担下来。

李得利先根据工人现状编出由浅入深、通俗易懂的浮雕基础教材。为便于工人理解，他将自己珍藏了多年的明清时代木刻浮雕屏风和深雕、透雕的红木雕刻样板实物都拿到企业课堂来，让工人直观地理解透视效果。几个月下来，制砚工人的综合素质明显提高，部分骨干的砚产品通过了专家组的鉴定，可以达到中高技术刻砚水平。后来送给外国元首、国家领导人和著名书画艺术家的作品，都出于经过培训的这些快速提高技术水平的工人之手。如“汉瓦砚”“鹤鹿同春砚”“海天旭日砚”“岁寒三友砚”等，都是在李得利指导下由工人雕刻的。通过培训骨干雕刻工，使企业的制砚技术不断提高。

北京潭柘紫石砚厂举行新闻发布会和北京潭柘紫石砚展览会后，紫石砚享誉海内外，不但吸引了一些书法协会、老龄大学和经营商户来企业订购紫石砚，还吸引来了一些著名书画家和离退休老同志到企业参观惠顾。当得知企业技术依托单位为中央工艺美术学院后，市区政府把企业划归为外向型企业，每年都安排全国人大代表和全国政协委员及驻外使节来企业参观，使企业形象快步提升。区政府外事部门引导企业招商引资，向外资型企业发展。有些外商来企业参观考察后，认为该企业生产的产品是中华民族文化遗产，国外华人也同样喜欢国内的文化产品，企业虽然小，但得到市区政府的高度重视，一定有前途，因此很多外商都主动要求与企业合资生产经营。1991年，香港经纬实业公司与企业合资兴办了北京挪佛工艺品有限公司，注册资金10万美元，产品70%外销，享有中外合资企业自营出口权待遇。通过合资，企业又拓展了生产经营范围，除了生产紫石砚外，又增加了长毛绒玩具和NF艺术瓷等出口产品。1994年，该企业与美国新斯维克公司合资兴办了北京新龙旅游产品有限公司，注册资金50万美元，企业被国家旅游局等四大部门评审为全国旅游商品定点生产企业。外商看中的是技术依托单位“中央工艺美术学院”，在新产品研发方面不断推陈出新满足市场需求，使企业增加活力与后劲，李得利代表中央工艺美术学院分批培训技术工人，尽全力协助企业研发新产品。他为企业服务20多年，无私奉献，从未收取任何回报，是见证企业不断发展壮大的功臣。

三、工艺美术专家毛金笙

王府井工艺美术世界的第一任总经理毛金笙先生是中国老年书画研究会理事、著名的古砚专家，对鉴定古砚、古瓷、古玉等颇有研究，并且擅长书法。市政府为落实星火计划项目，开发潭柘紫石砚，聘请他作为试制工作的专家顾问。毛老对潭柘紫石砚的开发表现出了极大的热情，每周都要到厂里来三五次，都是自己乘坐公交车，从不让企业派车接送。每次来厂后他都是直奔车间，亲自指导职工设计砚台、使用工具等，并且亲手操刀示范。他独立雕刻的随形砚，设计制造的墨床、水盂、墨勺、双峰骆驼笔架、山形笔架、狐狸笔架、卢沟晓月、龟驮石碑等样品，成为企业长期生产制造的参照样板。

毛老常挂在嘴边的一句话是“石不能言最可人”，他对潭柘紫石爱不释手，经常给职工讲一些古人爱石头的历史典故，激发职工热爱雕刻制砚工作的兴趣。有一次毛老来到切割石料车间，发现工人正准备切一块厚40厘米，长宽1米多的紫石料，足有1吨多重。毛老当时告诉工人先不要切，因为碰到这样的大石料很不容易。他向厂长孔繁明说明情况，并且建议做一方大砚。

毛老说："北海团城有个渎山玉瓮，是元代用渎山玉雕成的，是元世祖忽必烈宴请功臣盛酒的容器，周边刻着八瑞图案，民间也叫八怪。因为它们都是海里的动物，似龙非龙，似马非马，似鱼非鱼，似猪非猪等。它们能飞行，都有翅膀，也能穿梭于海浪之中，都是吉祥的象征，也有降妖镇魔之说。"

孔繁明听了毛老讲的历史典故，立即决定按毛老设想的方案实施。孔繁明即日安排了4名工人承担这项创意任务，毛老为总监，并协助绘画图案。经过60多天的努力，一件1吨多重的"八瑞砚"雕刻完成了。毛老特意书写一首砚铭，雕刻在砚台正面一角："团城独玉瓮，潭柘紫石砚，周边八怪绕，池中墨泼泛。"还书写了一幅题词："潭柘获佳石，一吨有余，色紫质润，仿北海团城独山玉瓮海八瑞凿成古砚，放置潭柘寺。"一玉一石，今古辉映，堪称双绝。毛老书法苍劲有力，为该砚海增辉添彩。

"八瑞砚"为企业留下一笔珍贵财富。2000年3月22日毛老去世，全厂职工都无比悲痛，大家看到毛老亲手制作的许多样品，更加怀念与这位老人16年来相处的日子。毛老的谆谆教导，至今都令全厂职工受益匪浅，他无私奉献，热心支持潭柘紫石砚的研发，是永远值得潭柘紫石砚厂员工学习尊敬的师长。

四、中国老年书画研究会理事苏立功

苏立功先生是为星火计划无私奉献的市政府顾问，中国老年书画研究会理事，中国轻工业部对外展览办公室主任。1986年7月，九龙玉器厂试制出第一批紫石砚后，迎来的第一批客人中就有苏立功先生。这是一位年过七旬、精神矍铄、文质彬彬的老者，也是市政府为研发潭柘紫石砚聘请的专家顾问，专门为紫石砚试制作艺术指导。

苏老第一次留下的题词是“紫石砚开发可富乡利民”，阐明了星火计划振兴农村经济的伟大意义。在指导工人制砚过程中，他发现这些工人都是来自农村，缺少美术基础知识，专业技能应立即提高，于是就找孔繁明商议对这些制砚工人进行培训。

在苏老的牵线搭桥下，中央工艺美术学院的阿老很快介绍了雕塑系主任李得利教授负责培训制砚工人。

五、中央工艺美术学院副院长阿老

阿老，1920年生，又名老宪洪，广东顺德人，擅绘画，中央工艺美术学院副院长。阿老还是一位舞蹈速写家，他善于捉住瞬间的动态之妙，画面逼真，优美生动。在潭柘紫石砚的试制过程中，阿老亲自给制砚厂派去了教授，培训制砚工人，在技术力量方面给予了强有力的支持和帮助。

潭柘紫石砚要想出精品，制砚工人就应该规范培训，光靠磨玉的老师傅以师带徒是不行的。故而苏立功向孔繁明提出培训工人的想法，商定三天后共同去拜访中央工艺美术学院教授、副院长阿老。

在去往美术学院的路上，苏立功向孔繁明介绍了阿老的基本情况。阿老自幼就酷爱绘画，曾到香港任过美术教员，上海长江大学毕业后，1942年就参加了新四军，到了华中苏皖抗日根据地以后一直在新四军中做美术宣传工作。他善于速写，能够快速地抓住人物特点，并记录下来，他的作品被中南海、人民大会堂、国家博物馆及国际友人收藏。

双方见面后，孔繁明拿出带来的紫石砚，阿老抚摸、查看后，惊喜地给予了肯定的评价。孔繁明表明来意，希望阿老能够帮助解决工人培训的问题。在阿老的介绍下，雕塑系主任李得利教授在亲自去九龙玉器厂了解情况后，接下了这项培训任务。

一周后，阿老同李得利教授一起到厂，李得利教授制订了培训计划，还自编一本专门培训用的“浮雕基础知识”教材，带来了自己收藏的明代浮雕透雕模板样板。阿老也带来了自己为潭柘紫石砚的评语题词：“潭柘紫石砚质细润，易奏发墨之功，诚砚中之佳品也。”阿老如此重视这项工作，让孔繁明十分感动，暗下决心，一定把这项任务完成好，用优异的成绩回报在困难的时候帮助过他的人们。

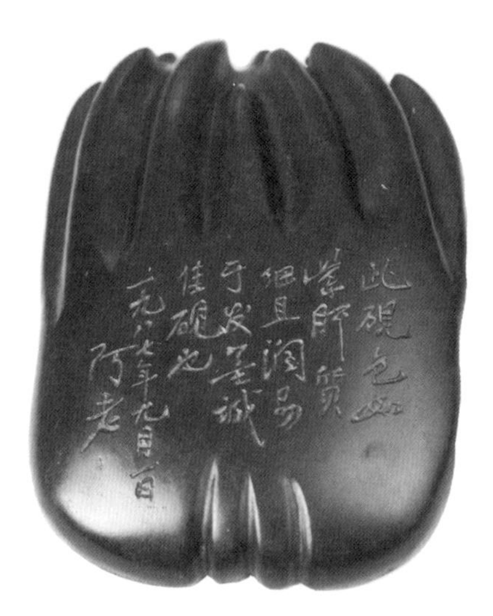

◎ 佛手砚 ◎

第二节

书画名家与潭柘紫石砚的故事

北京的众多著名书画家都对恢复潭柘紫石砚抱有极大的兴趣，为紫石砚的试制工作出谋划策，给予各种支持。中国老年书画研究会理事苏立功经常与一些著名书画家交往，关系甚熟。他亲自带领孔繁明拜访著名书画家吴作人、周怀民、刘海粟、崔子范、阿老、肖劳、董辰生、李凌云、黄胄、黄苗子、舒同、李可染、溥杰、溥公雷、魏传统、张旭等人，请他们对新试制出来的紫石砚提意见，以便对生产工艺进行进一步的改进。这些德高望重的老书画家们经过试用紫石砚之后，无一不给予了很高的评价，并提出了中肯的意见或建议，这些对于潭柘紫石砚的试制工作起到了重要的作用。而这些书画名家们，也各自有着与紫石砚结缘的故事。

一、辛亥革命老人孙墨佛

孙墨佛（1884—1987年），原名孙鹏南，字云斋，号眉园，山东莱阳人，著名书法家。自幼随刘大同学书法，后得到王垿、康有为亲授。

◎ 孙墨佛题词的随形砚 ◎

中年转习狂草，晚年专攻孙过庭的《书谱》。曾任中国书法家协会名誉理事，中山书画会理事。

1987年6月的一天，潭柘紫石砚厂厂长孔繁明在市政府顾问毛金笙的带领下，来到孙墨佛老人的家。老人家当时已是103岁高龄，但仍然精神矍铄，说话声底气十足。毛金笙对孙老说："今天我和孔厂长拜访您，送您一方潭柘紫石砚。砚石就产在门头沟潭柘寺附近的山上，明正统年间就开发过，当时钦差采石立的碑和修筑的监工台还都在。石质很好，颜色深紫像猪肝，可与端、歙名砚媲美。送您一方，请您试用鉴评，看看怎么样。您老是大家，曾是康有为的弟子，而且听说您经常给康有为代笔。劳烦您试用后题个词，评价一下品质如何。"

孙老满口答应，边听边发问："北京还有搞砚台的石头，这可真新鲜，怎么从来都未曾听说过？要真与端、歙砚媲美那可太好了，天子脚下可大展宏图呀。回头我用用看，对我来说书房里又添件文房新宝了。"

几天后，孔繁明与毛金笙又去孙老家中。孙老取出一幅字，二人打开一看，写的是"文房新宝"四个字，而且在砚的背面也写上了"文房新宝"的字样。

孙老这样郑重其事，令孔繁明深受感动，从心底感谢这位103岁的老人。遗憾的是，他们分别不久后，1987年9月5日，老人家就安然过世了。"文房新宝"四个字从此成为孔繁明永久的怀念。

二、佛教协会会长赵朴初

赵朴初，1907年11月5日生于安庆，1938年后，先后任上海文化界救亡协会理事，中国佛教协会秘书、主任秘书，上海净业流浪儿童教养院副院长等职。1949年任上海临时联合救济委员会总干事，中国人民保卫世界和平委员会常委、副主席，亚非团结委员会常委。1980年后，任中国佛教协会会长，中国佛学院院长，中国藏语系高级佛学院顾问，中国宗教和平委员会主席。是第一、第二、第三、第四、第五届全国人大代表。2000年5月21日因病在北京逝世，享年93岁。

“少时曾得端州砚，注水儒毫生紫云。
池边荷叶倾伞盖，一蟹攀附若有寻。
今朝喜见潭柘紫，光润猪肝极相似。
更惊巧手戏鲤鱼，莲叶田田宜作字。”

这是赵朴初所写的《潭柘紫石砚歌》，从润笔到作品完成，前后只用了几分钟的时间，足以体现作者厚重的文化功底。这首七言律诗是孔繁明到赵朴初先生家拜访时，赵朴初先生写出来的。

那天晚上，赵朴初先生参加外事活动，回到家中已是十点多了，一进门看到孔繁明还在客厅里等候他，于是操着浓厚的乡音向孔繁明打招呼：“孔厂长你好。上次我去日本时，让秘书宗家顺同志与你联系，需要五方潭柘紫石砚，你还给配好了红木盒子送来了，非常好。我都赠给了日本友人，他们都喜欢得不得了。”

孔繁明说：“赵朴老，今后出访用砚打个招呼就行，我保证供给，还替我们做宣传呢。我今天来是受市科委杨克处长的委托，带来一方潭柘紫石砚，是您喜欢的仿南北朝年代的荷叶鱼砚，希望您指正。”

赵朴初先生接过荷叶鱼砚，仔细抚摸着，连声说好：“很好，工艺上大有长进，我非常喜欢。”

孔繁明说：“近日市科委与门头沟区政府准备召开新闻发布会，邀请了几十家新闻媒体记者，向世界公布，北京京西马鞍山发现明代宫廷开采御用紫石坑和开发北京潭柘紫石砚的消息。所以想请对潭柘紫石砚试用鉴评后题词，评价一下该砚的品质。因为时间紧，我一直等您回复，您看我今天能把您的墨宝带回去吗？”

赵朴初先生立即起身到书房，稍加思索，一首七言一气呵成。赵朴初先生写完后觉得竖行稍有偏歪，要重新换一张。孔繁明当时拦下说：“这就很好了，不用换了，我帮您盖章吧，您指导就行了。”

赵朴初先生看孔繁明盖完章，满意地笑了。

三、书法家启功

启功，姓爱新觉罗，清雍正皇帝第九代孙，中国书画家协会原主席，北京师范大学教授，故宫博物院顾问，国家文物鉴定委员会主任，曾被称为“诗书画”三绝。在研发北京潭柘紫石砚过程中，启功先生给予了积极热心的支持，对实施北京市星火计划项目怀着一种崇高的责任感。孔繁明说，启功先生在三件大事上是功德无量的。

其一，为潭柘紫石砚命名

潭柘紫石砚试制雕琢几个月后，星火项目领导小组决定，要选部分符合标准的砚台送给一些书画家试用鉴评。在送砚之前应该在紫石砚前冠名，以区别于故宫现存紫石砚。项目领导让孔繁明先提出几个方案后，由领导小组和中国老年书画研究会的专家们决定。孔繁明经过认真思索后，拟了13个名称，其中有“潭柘紫石”，意为这是用潭柘紫石雕琢的砚。孔繁明汇报完后，赵朴初先生第一个发言：“我看孔厂长提名中的‘潭柘紫石’更好一些，可以这样理解，紫石产在潭柘寺附近的马鞍山上，我们挖掘的又是民族文化遗产。潭柘寺有一千多年的历史，又是皇家寺院，把中华民族传统文化与佛教文化融合为一体更有双重意义。”

启功先生紧跟着发言说：“我以个人名义和故宫博物院顾问的身份都赞同赵朴老的建议，讲得有理有据。紫石又是明正统年间引进皇宫的，屈指算来也有五六百年的历史了。我们现在开发的也是挖掘民族文化遗产，我认为这个名称恰到好处。”

由于启功老先生德高望重，这一引导性发言得到在场的20多位专家学者们的一致赞同。最后由市科委三处处长杨克宣布：“从今天起，我们星火计划开发的紫石砚就叫‘潭柘紫石砚’了。今后对外宣传，召开新闻发布会，举办展览会。在潭柘紫石砚前加上‘北京’二字就更完整了。”

由于启功先生发言力挺赵朴初先生的建议，潭柘紫石砚从此进入中国文化历史的舞台，将永远载入史册。

其二，启功先生把宫廷御砚制作传人杨俊明推荐给孔繁明，为制砚厂工人提高雕刻技艺做出了贡献

1988年5月8日，北京潭柘紫石砚在王府井帅府园中央工艺美术学院展览馆举办第二届展览会，多位著名书画家光临指导，启功先生以中国书法家协会主席的身份前来参观展览，还带来了协会秘书长王景芬先生。孔繁明陪同启功先生和王景芬先生参观，介绍了潭柘紫石砚近几个月的试制情况。孔繁明说："市星火计划领导小组要求潭柘紫石砚在设计上仿明清古砚，造型古朴典雅，图饰简练美观，刀法浅刻有力，线条明快流畅。您说我们什么时候才能达到这一目标啊？"

启功先生笑了笑，不慌不忙地说："这个要求是个方向，你们已经进步很快了，但离宫廷风格还有段距离。"

他回过头对秘书长王景芬说："你看能不能把经常找咱们要出如何制作砚台的书的那个老艺人杨俊明，介绍给孔厂长。他不是说12岁就跟亲娘舅洪国森学徒制砚吗？他舅舅曾给康有为、谭嗣同制过砚台。你把他的地址给孔厂长，让孔厂长自己上门与杨老师傅谈谈，看能不能请他出山。我看过他制作的砚台，确实有宫里的味儿。"

1988年6月，杨俊明来到北京潭柘紫石砚厂（当时九龙玉器厂已经更名为北京潭柘紫石砚厂）。杨老师傅来到后，全身心地投入到制砚的工作中，一干就是六年，现在许多仿制宫廷御砚的珍品资料，都是杨老师傅留下来的。1994年6月。杨老师傅已83岁，在子女们再三要求下，才离开制砚厂回了家。

其三，为"潭柘寺"牌注册商标抛砖引玉

北京潭柘紫石砚召开新闻发布会和展览会后，经过新闻媒体的广泛宣传，潭柘紫石砚的知名度迅速提高，已享誉海内外。当时企业考虑，应树立品牌战略意识，准备为潭柘紫石砚注册商标，保护自己的合法权益。经过征求多方面专家学者的意见，注册商标名称提出许多方案。孔繁明正在综合各方面意见举棋不定时，启功先生送来了为潭柘紫石砚的题词："巧斫燕山骨，名标潭柘寺，发墨最宜书，日写千万字。"

◎ 百福砚 ◎

“名标潭柘寺”真是对潭柘紫石砚的准确定位，紫石产在潭柘寺附近的老虎山上，砚的名称又叫“潭柘紫石砚”，注册商标就叫“潭柘寺”牌，真可谓名副其实。1987年11月，潭柘紫石砚厂向国家商标局申请了“潭柘寺”牌商标，1988年正式批复使用，2009年，“潭柘寺”牌商标被北京市工商局评审为“北京市著名商标”。如今，“潭柘寺”牌商标随着潭柘紫石砚产品的知名度已名扬四海，载入史册。

四、国画大师周怀民

周怀民（1906—1996年），现代美术家，无锡钱桥人。自小喜爱书画。因家境贫寒，19岁离乡谋生。业余时间自学绘画，逢假日常去故宫观赏和临摹古画，尤爱临摹清代“四王”真迹；同时阅读、钻研绘画理论，向知名画家请教技艺；26岁时临摹的沈子居巨画《桃源图》，达到以假乱真的地步，京华艺术专科学校校长特聘他去教授国画，还曾应徐悲鸿之聘到北平艺术专科学校执教。他描绘的太湖山水画中，常毕现芦苇、芦塘的质感、气势和神韵，被人们誉为“周芦塘”。代表作品有《山水》《芦塘》《葡萄》等，出版有《周怀民画辑》《周怀民藏画集》等。

1987年7月的一天，市政府顾问苏立功先生带孔繁明来到北京市西城区后海7号院，拜访国画大师周怀民先生。这是一个古色古香又具有江南园林风光特色的四合院，一个葡萄架占了庭院的一半。

周怀民先生满脸笑容地说："上次在紫石砚冠名时，我与赵朴初、启功观点不一致，我保留意见吧。这种紫石质地确实很好，而且皇家也开发利用过，故宫博物院都给证实了。市政府市科委又下这么大力量协助，准备列入星火计划，加上孔厂长的努力，紫石砚一定能大有作为。"

苏立功说："今天孔厂长要赠送您一方仿黄辛田的井字砚，是杨老师傅雕刻的，很有韵味，您试用后给题个词呗！"

周怀民先生看到紫石砚后，手摸不停，连声称赞道："不错不错，确实不错，题字我已写好了。"他回书房取出一卷宣纸，上面是"紫玉之光"四个苍劲有力的大字。孔繁明连连表示感谢。

周教授又回书房取出一个旧纸包，打开里三层外三层才露出一块端石，这块端石长有25厘米，宽有22厘米，厚有4厘米，粗看颜色还有些发紫，立面还有一层白色石英。

周怀民先生说："我朋友送我一块端石，放了大概20多年了，始终没有找到合适的制砚厂家。今天看到你，我想求你帮我这个忙，行吗？"

孔繁明说："您放心，我会找最好的设计，最好的雕工，来雕琢这方砚台。"

20多天后，孔繁明与苏立功带着已雕琢好的端砚给周怀民先生送去，周怀民先生非常满意，还专门画了一幅松竹梅国画赠予孔繁明，以示感谢。

五、书画艺术家董寿平

董寿平（1904—1997年），当代著名写意画家、书法家。原名揆，字谐伯，后慕恽寿平遂改名寿平，山西省临汾市洪洞县杜戍村人。毕业于天津南开大学和北京东方大学，以画松、竹、梅、兰著称，晚年以黄山为题材画山水，有"黄山巨擘"之称。亦善书法，曾任中国书法家协会顾问，中国美术家协会会员，北京荣宝斋顾问，全国政协书画室主任，北京中国画研究会名誉会长，山西省文物研究会名誉会长，中国人民对外友好协会理事，中日友协理事，北京对外友协副会长，全国第

五、第六届政协委员。

孔繁明到董寿平先生的住所拜访，是在北京潭柘紫石砚召开新闻发布会之前。在市政府顾问毛金笙的带领下，他来到和平里董先生住所，双方见面后，毛金笙说："今天孔厂长带两方潭柘紫石砚送给你，请你试用后题个词，评价一下。"

董寿平先生一口答应："那能有什么问题呀？不过我要认真地测试一下。"

孔繁明起身表示感谢："那就有劳董先生了。"

董寿平先生说："不用那么客气，我与毛先生是老乡，经常见面。咱们在中国老年书画研究会也见过几面了。听过你汇报开发潭柘紫石砚的经历，挺不容易的。按市科委杨克处长的介绍确实不错，研之发墨，不损笔毫，不渗墨。先把砚放在这里，抽时间我认真试用一次，关键是发墨。三天后孔厂长来取字就可以了。"

三天后，孔繁明如约而至来到董寿平先生家。董寿平先生看到孔繁明就说："孔厂长，潭柘紫石砚不像咱们宣传的那样有研之发墨等优点呀。我试过了，研墨时打滑，根本不下墨，就扔到书柜后面的废品堆里了。"

孔繁明从扔掉的砚台、图章等废品堆中找到潭柘紫石砚的盒子，打开一看说："董先生，对不起，出厂时我没有认真检查，是我的失误。"

他拿着砚台让董寿平先生看，原来是砚池内打蜡后没有趁热把蜡擦掉。他到厨房打开煤气炉用火烤一下，等蜡化了后用干毛巾快速把蜡擦掉，拿到董寿平先生跟前说："您再试一次好吗？"

董寿平先生又拿起墨块蘸水研起墨来，听到唰唰的响声，不一会儿就研磨出了浓度适中的墨汁。董寿平先生像个孩子一样笑着说："嘿！真行！你孔厂长要不来，这方砚非让我给废了不可。"

董寿平先生挥毫泼墨，写下"潭柘紫石，文房珍品"八个字，并落上了自己的名字。既赞扬了潭柘紫石，又评价了紫石砚。从那时起，二人有过多次交往，每逢年节孔繁明都到董寿平先生家拜访慰问。

作为国礼的潭柘紫石砚

潭柘紫石砚文化内涵丰富，艺术表现力强，制作精美，深得人们的喜爱，其中的一些精品还被作为国礼赠送给外国政要，例如“汉代瓦砚”“汉代古币砚”“龙龟砚”“宫廷龙凤砚”等，彰显了中华民族文化遗产的影响力。“越是民族的就越是世界的”，这句名言在潭柘紫石砚上得到了充分的体现。

1996年，北京潭柘紫石砚厂还接受了为朝鲜制作一套十二生肖潭柘紫石砚的任务。孔繁明从石料、雕工、工艺流程等方面严格把关，并将十二方砚命名为“生肖御铭砚”。

潭柘紫石砚的重生不是偶然的，而是恰逢其时，应运而生。潭柘紫石砚是北京市星火计划的科技成果，是北京市科委、北京市经委、门头沟区政府、中国老年书画研究会、中国地质博物馆、故宫博物院、轻工业部、中央工艺美术学院、中央美术学院、北京地质研究所、北京市乡镇企业局、航天部三十三所和北京潭柘紫石砚厂等多部门共同努力、通力协作的产物。

随着潭柘紫石砚的知名度不断提高，引发了全社会的关注热潮，一时间全国各地掀起了潭柘紫石砚热，各地报刊纷纷进行报道。书法爱好者和砚文化爱好者从全国各地来函，一些著名书画家专程来厂参观指导，还为潭柘紫石砚题词祝贺。中国老年书画研究会会长刘宁一为祝贺北京潭柘紫石砚展览会开幕题词“文房瑰宝”。

有着如此众多有识之士的支持，潭柘紫石砚这朵奇葩，一定会绽放得更加绚丽。

第六章 潭柘紫石砚名品赏析

第一节 巨型砚
第二节 仿古砚

中国扶贫开发协会副会长高级研究员孙文芳先生编写、中华书局出版的《中国名砚揽胜》一书，将北京潭柘紫石砚列入第三章《北方名砚》中的第六节，题目为《潭柘紫石砚》，图文并茂地对潭柘紫石砚进行了介绍，这证明潭柘紫石砚已经跻身于中国名砚行列之中了。

潭柘紫石砚制品自然古朴、典雅大方，文化气息浓厚，内容取材广泛，形象不拘一格，显示出独特的艺术魅力。古今文人雅士视砚为宝，或为之赋诗作词，或镌以铭文书画，乃至形成了“砚文化”。潭柘紫石砚以其优异的品质得到了众多中国书画名家的青睐，成为中国文苑的一朵绚丽奇葩。潭柘紫石砚中的精品名砚代表了潭柘紫石砚制作的最高成就，具有极高的艺术价值。潭柘紫石砚品种繁多，题材广泛，不仅有既有实用价值又有收藏价值的小型砚，也有只用于观赏的巨型砚。无论是什么规格的潭柘紫石砚，无一不是做工精美，具有较高的艺术价值和收藏价值。

第一节 巨型砚

潭柘紫石砚是一种特殊的工艺品，要在一方石砚上表现出一定的内容，就必须要有充分的表现空间，这就必须使用比较大的材料。所以，潭柘紫石砚中的名砚一般都是大型的观赏砚。最能表现艺术魅力的是雕刻精美的巨型砚，在北京潭柘紫石砚厂的作品中，有不少这样的名砚。

一、八瑞砚

八瑞砚是潭柘紫石砚厂雕刻的第一方巨型砚，是仿照北海团城的渎山大玉海的样式，用一块厚40厘米，长、宽1米多，足有1吨多重的紫石料，由4名工匠花费60多天的时间制作完成的。砚的周边刻着八瑞图案。八瑞在民间也叫八怪，它们都是海里的动物，似龙非龙，似马非马，似鱼非鱼，似猪非猪等，它们都有翅膀，能飞行，也能穿梭于海浪之中，是吉祥的象征。八瑞砚也叫作“团城八怪砚”，长1.4米，宽1.3米，高0.4米，重约700千克，八瑞穿梭于行云之间，寓意镇守四面八方，吉祥如意。我国著名文物收藏家毛金笙先生专门为此砚书写了一首砚铭，雕刻在砚的正面一角：“团城独玉瓮，潭柘紫石砚，周边八怪绕，池中墨泼泛。”此外还书写了一幅题词：“潭柘获佳石，一吨有余，色紫质润，仿北海团城独山玉瓮海八瑞凿成古砚，放置潭柘寺。”

◎ 八瑞砚 ◎

二、颐和园全景砚

潭柘紫石砚是北京市星火计划的成果。为迎接国家实施星火计划十周年，从1993年开始，紫石砚厂就着力寻找大体积的潭柘紫石，终于开采出来了一块两吨多重的紫石。经厂长孔繁明精心设计，决定雕刻一方颐和园全景砚。这件作品全长1.6米，宽1.4米，高0.6米，重1.5吨。该砚的制作继承了历代中国制砚的传统技艺，博采了砚林各派之精华，将宫阙巍峨、湖光山色的皇家园林与传统的民间文化惟妙惟肖地融为一体，雕刻工艺堪称砚林一绝。其工艺运用透雕、浮雕、微雕等艺术手法，将颐和园著名的十七孔桥、知春亭、长廊、石舫、万寿山等60多处景观雕刻成型，湖光山石风韵自然，亭台楼阁形象逼真，古木参天

◎ 颐和园全景砚 ◎

◎ 颐和园全景砚（侧面） ◎

郁葱百年岁月，梅兰竹菊点缀四季时光。颐和园巨砚是砚林中不可多得的瑰宝。

三、和谐玉海砚

和谐玉海砚重4吨多，是孔繁明厂长受中共北京市委北京市人民政府的委托，特意为国家信访局迁新址设计制作的。和谐玉海砚体现海纳百川之意，衬托出信访工作者的胸怀，侧面有《和谐玉海砚记》，其内容是："京西马鞍山产奇石，色紫如玉，自古为皇家制砚之精品，其现蓄水不涸，研之发墨，呵气成云。因比邻古刹潭柘寺，故称潭柘紫石砚。今选潭柘紫石之巨，依势象形依形造势。请精良琢巧技制和谐之玉

◎ 和谐玉海砚 ◎

◎ 和谐玉海砚（背面）◎

海，琢京城之特色，彰中华之博大，显神州之奇伟，表劳众之心声。砚镌‘民意大如天’之词曲，赞信访为民肝胆情，缀568之姓氏，寓中央心装天下百姓，刻56道之纹饰，意情系中华民族。时春风浩荡，情暖人间。海晏河清，政通人和，歌一曲民意，领社会和谐，赠一尊紫石砚，庆广厦落成。”该砚现在仍摆放在国家信访局大厅中央。

四、龙鼎砚海

龙鼎砚海是紫石砚厂受门头沟区委门头沟区政府委托设计制作的，原石8吨左右，砚重4吨多，高1.9米，宽10.5米，由青年砚刻专家孔祥斌独立设计制作。砚海有“纳百川，容万物”之宽广，海浪翻滚之处一尊巨龙腾空而起跃出海面，云海相连形成气壮山河之势，象征中华民族的崛起。砚海运用圆雕、透雕、浮雕、线雕等传统工艺表现手法，将海浪云纹和摩崖石刻表现得浑然天成，淋漓尽致，配上铺五彩斑斓的雨花石，象征五彩缤纷的祖国大地。主体与底座上圆下方，浑然一体，和谐圆满，自然统一。该砚虽然摆放在市民政局大厅内，但也是企业职工向祖国母亲60岁生日的献礼。

◎ 龙鼎砚海 ◎

◎ 龙鼎砚海（背面）◎

五、门头沟书砚

门头沟区确实是一本读不完的书，门头沟书砚外形就像一本折页在读的书。“书中” 刻有简介：“门头沟区位于北京市西南，距市中心25千米，是生态功能涵养区。自然和人文资源非常丰富，有北京地区规模最大的皇家寺院——潭柘寺，自古便有‘先有潭柘寺，后有北京城’之说；有中国佛教最大的戒坛，是最高等级的受戒之所——戒台寺；有北京最高峰——灵山，海拔2303米，有华北地区最大的天然动植物园——百花山；有华北地区历史上规模和影响最大的民俗庙会——妙峰山庙会；有中国第一铁路拱桥——丰沙铁路珍珠湖桥；有北京的母亲河——

◎ 门头沟书砚 ◎

永定河，蜿蜒流经门头沟，形成一道绿色生态走廊和湿地。北京的中国历史文化名村有三处在门头沟区：爨底下、灵水村和琉璃渠村，文化底蕴深厚。”砚盖内部还刻有潭柘寺山门景区、戒台寺千佛阁景点和爨底下民居古建筑图案，深砚池为门头沟地形图，使整体砚型古朴，典雅具有纪念意义，并且可增加实用功能，使人们联想到门头沟的确是一本读不完的书。

六、九龙百龟砚

九龙百龟砚长1米，宽0.9米，高0.4米，重约800千克。该砚集观赏和实用于一身，制作工艺上采用浮雕、镂空、透雕等艺术手法，吸取了龙、龟之特点，蛟龙出海波涛翻滚，百尾幼龟争相戏水。龙、龟交融象征家庭和睦，诵颂吉祥。

◎ 九龙百龟砚 ◎

七、海鳌砚

海鳌砚长1米，宽0.6米，高0.4米，重约600千克，仿自故宫博物院藏品。此砚原为皇帝御览，有吉祥长寿之意，并引出“独占鳌头”之典故。该砚风格独特，古朴典雅，为宫廷御砚之佳作。

◎ 海鳌砚 ◎

八、长城巨龙砚

长城巨龙砚长1.2米，宽1米，厚0.4米，重1.2吨，此石原型就是一个天然的北京市地图形状，设计时舍不得破坏原型，因此结合当时的18个区县设计成18条龙，又在北部山区密云、怀柔、昌平、延庆有长城的地方都雕刻出万里长城，18条巨龙神态各异，象征着北京市经济腾飞之态势。

◎ 长城巨龙砚 ◎

第二节

仿古砚

仿古砚分为两类，一类是仿制古代的名砚，一类是仿照古代器物的形状制成砚台。制作仿古砚最看功力，难度也最大。仿制古代的名砚要做到惟妙惟肖，达到以假乱真的程度，需要每一个细节都要认真制作，一丝不苟，特别是一些古代名砚上有古人的题字，需要笔体一丝不差，难度是非常大的。仿照古代器物的形状制作砚台也不容易，有的要按照比例进行缩小，有的要与原物尺寸相当，既要雕刻成一方砚台，又要保持古代器物的外形，这就需要巧妙的设计和高超的雕刻技术。潭柘紫石砚厂在制作仿古砚上下足了功夫，其制品受到了权威部门的赞赏。

一、“纪晓岚九十九砚斋藏砚”仿真品

有“清代第一才子”美誉的纪晓岚，不但学富五车，而且还是一位大收藏家，一生嗜砚成癖，将其书斋命名为“九十九砚斋”，所藏多为古砚名品。

◎ 孔祥斌制作的纪晓岚九十九砚斋仿真藏砚（正面）◎

纪晓岚每次得到佳砚，都会约桂馥、伊秉绶等书法名家一同赏玩品评，并题诗砚上。他与时任大学士的刘墉更是志趣相投，不但诗文唱和，而且相互赠砚，遇上佳砚甚至还会争夺。纪晓岚在一砚铭中风趣地写道："城内多少贵人居，歌舞繁华锦不如。谁见空斋评砚史，白头相对两尚书。"

纪晓岚所藏砚都有砚铭，集佳石、文学、雕刻、书法于一体，使精巧玲珑的砚锦上添花。在一方"留耕砚"上，纪晓岚所题砚铭是："作砚者谁，善留余地，忠厚之心，庆延于世。"表达了他对那些相处时给别人留有余地的忠厚人士的由衷赞赏。

纪晓岚晚年将所藏古砚拓编成《阅微草堂砚谱》，特把乾隆、嘉庆两位皇帝的三方赐砚列于砚谱之首，他对这几方砚极为珍重，勒铭嘱"子子孙孙世宝用之"。

2003年4月，在国家文物局、中国文物学会、田汉基金会联合授权复制"纪晓岚九十九砚斋藏砚"中的八方宫廷御砚所举办的仿真品雕刻招标会上，18家投标制砚企业都摩拳擦掌摆开争取中标的架势。在投标会上一切程序透明公正，公平，每个专家评委都认真审核砚样、字体篆刻等，一件件仔细对比推敲，选出自己认为合格的九十九砚斋藏砚仿真品。经过近一小时的评审角逐，专家评审组公布评审结果，中标企业为

◎ 孔祥斌制作的纪晓岚九十九砚斋仿真藏砚（背面） ◎

北京潭柘紫石砚厂，中标人为青年砚刻家孔祥斌。

这是自故宫博物院认可潭柘紫石砚以来，又有三家文物部门对潭柘紫石砚雕刻技艺的认可，不但签订4000方“纪晓岚九十九砚斋藏砚”仿真品的合同，而且授权企业可自行复制100套并销售。

二、仿乾隆石鼓砚

在北京故宫有一座“石鼓馆”，珍藏着唐初在陕西陈仓地区发现的一批石器，因其形状似鼓，故称“石鼓”。据郭沫若考证，石鼓原品是公元前8世纪周宣王时期的遗物，鼓上文字内容为游猎古诗，称为“猎碣”。石鼓被称为“国中之宝”，清代乾隆帝惜其岁久而漫漶，所存文字不及半，命彭元瑞集石鼓所有文字成十章，制鼓重刻。

潭柘紫石砚厂受到故宫博物院的邀请，仿制一批清代乾隆石鼓砚。此砚一套十方，正面砚池上方为乾隆帝用小楷字翻译背面的篆文，内容记述了周宣王渔猎的全过程。此砚设计古朴典雅，刀法浅刻有力，线条明快流畅，既实用又可作为国宝收藏。

◎ 专家评审仿乾隆石鼓砚 ◎

◎ 孔祥斌制作的仿乾隆石鼓砚（正面）◎

◎ 孔祥斌制作的仿乾隆石鼓砚（背面）◎

附录 APPENDIXES

砚谱

◎ 仿乾隆石鼓砚拓片（一）◎

仿乾隆石鼓砚拓片

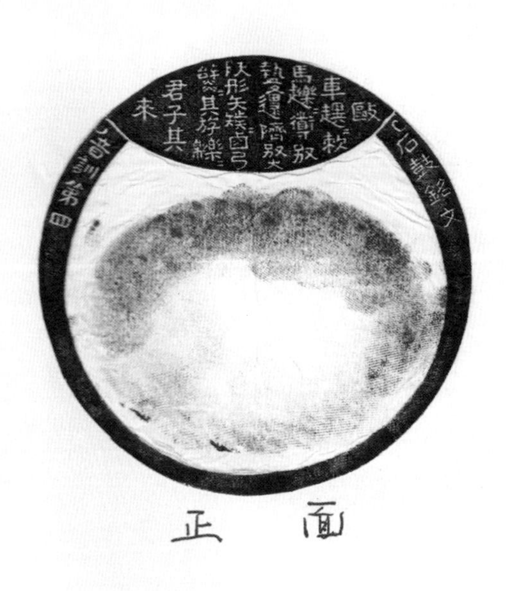

◎ 仿乾隆石鼓砚拓片（二） ◎

仿乾隆石鼓砚拓片

◎ 仿乾隆石鼓砚拓片（三）◎

音訓第一

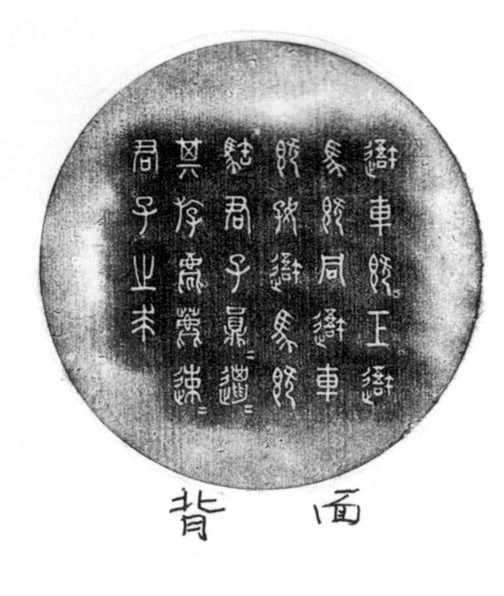

音訓第二

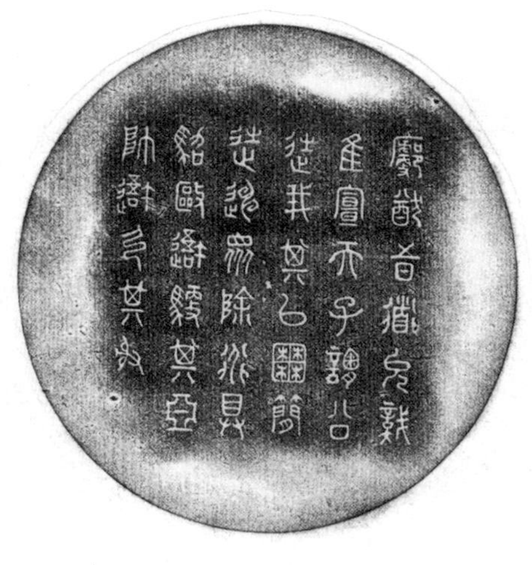

◎ 仿乾隆石鼓砚拓片（四） ◎

仿乾隆石鼓砚拓片

音訓第三

面　背

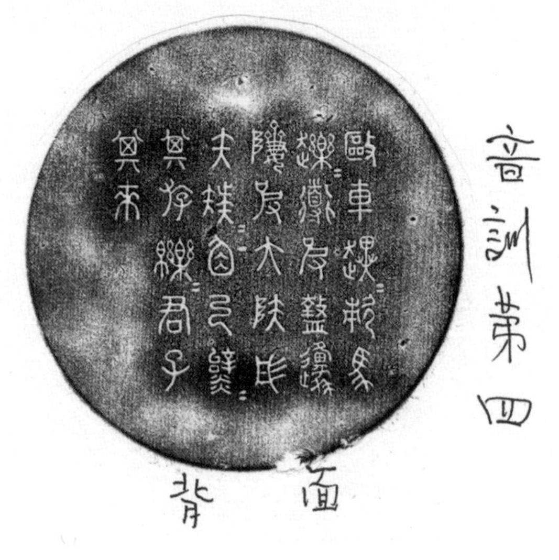

◎ 仿乾隆石鼓砚拓片（五）◎

◎ 祥云砚拓片（一）◎

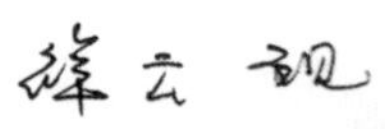

杨俊明先生设计经之刻砚最后杨先生制拓片

◎ 祥云砚拓片（二） ◎

◎ 杨俊明保存的民国二十四年（1935年）台历砚拓片（一） ◎

故宫博物院
收藏的台历

制砚老艺人保存民国二十四年台历砚谱

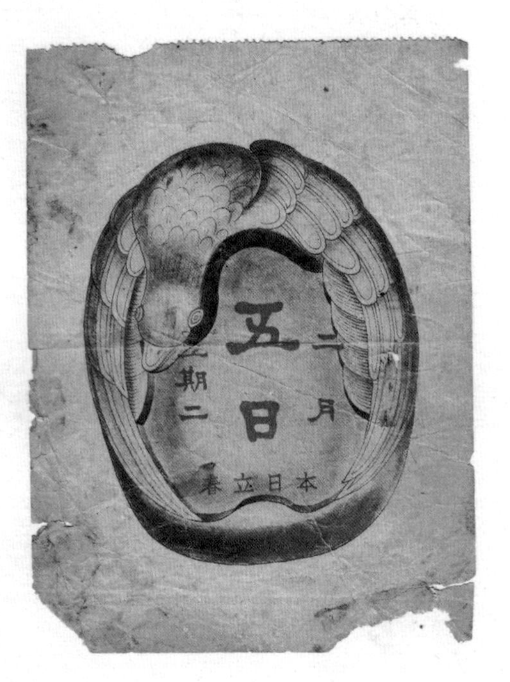

◎ 杨俊明保存的民国二十四年（1935年）台历砚拓片（二）◎

龍游祥雲图 正面

（仿宫廷御砚）一九八八年

◎ 杨俊明刻制的龙游祥云砚拓片 ◎

◎ 天坛砚拓片 ◎

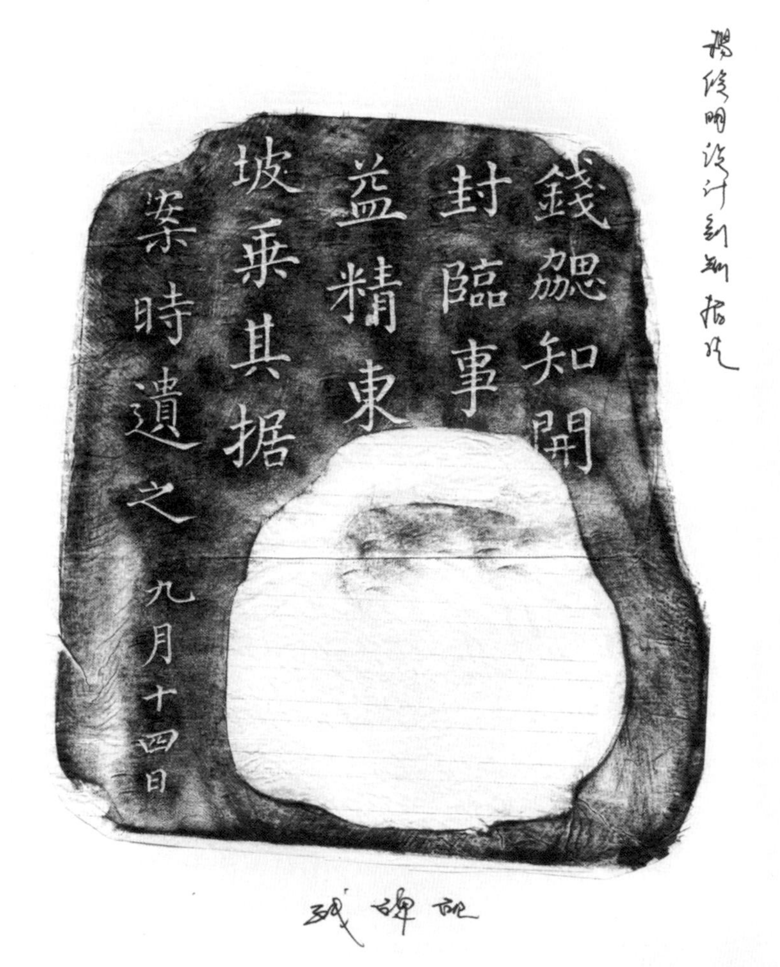

◎ 残碑砚拓片 ◎

御製文淵閣詩
每歲講筵舉 研精引席珍
文淵宜後峙 主敬恰中陳
四庫庋藏待 圖書禮樂彬
經史子集富 端以勵脩身
臣 彭元瑞敬書

二龙戏珠砚 背面

◎ 杨俊明刻制的二龙戏珠砚拓片 ◎

拓片

◎ 祥云砚拓片 ◎

拓片

背面

一九八八年五月楊俊明先生为周怀民先生刻端硯
側面五牛圖拓片

◎ 杨俊明1975年制砚拓片 ◎

◎ 杨俊明刻制的二龙闹云砚拓片 ◎

◎ 金钟砚拓片 ◎

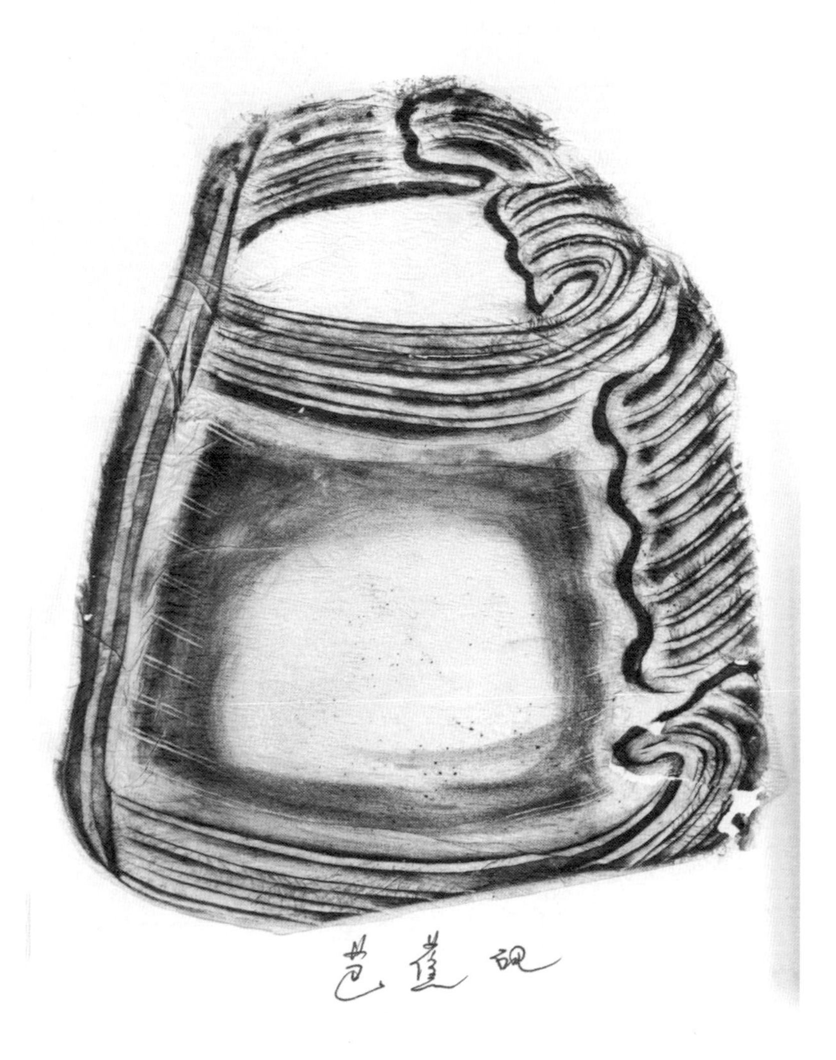

◎ 芭蕉砚拓片 ◎

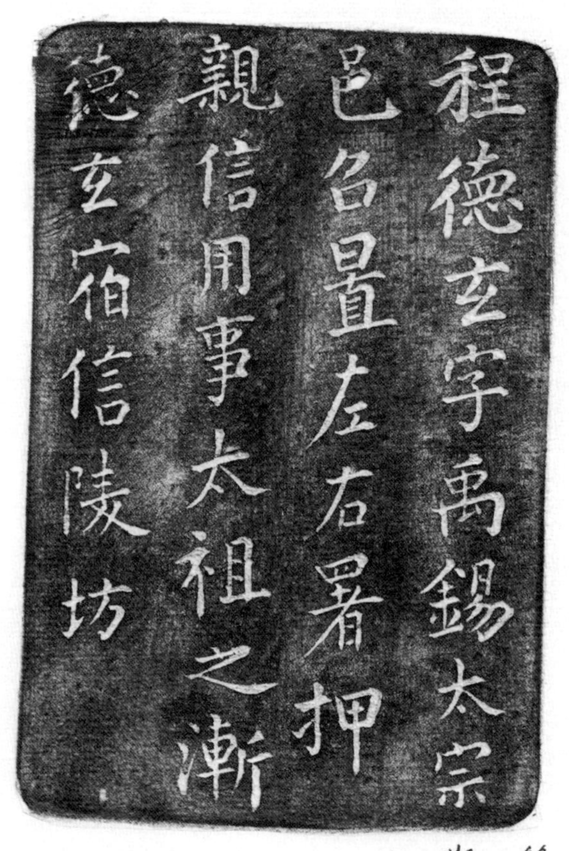

◎ 杨俊明刻制的方砚拓片 ◎

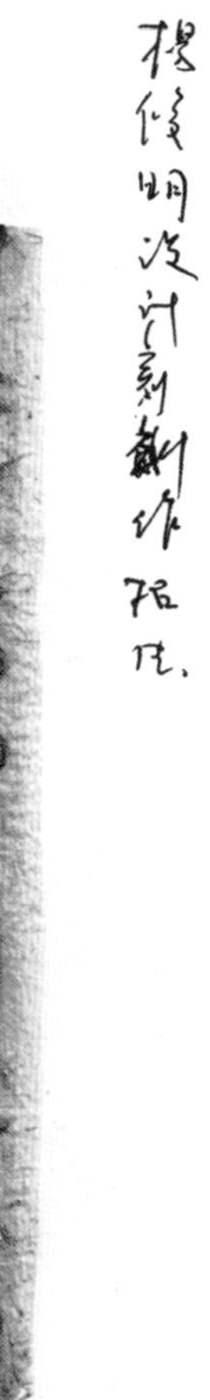

◎ 杨俊明设计作品拓片 ◎

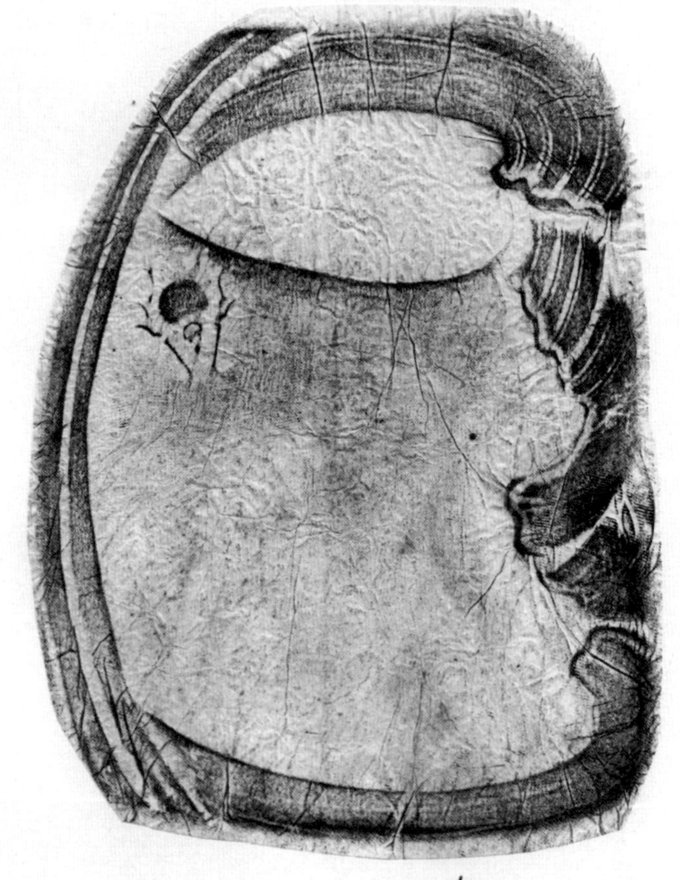

◎ 芭蕉蜘蛛砚拓片 ◎

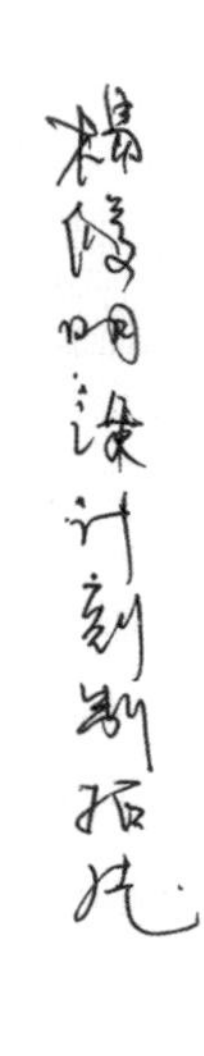

◎ 八卦祥云砚拓片 ◎

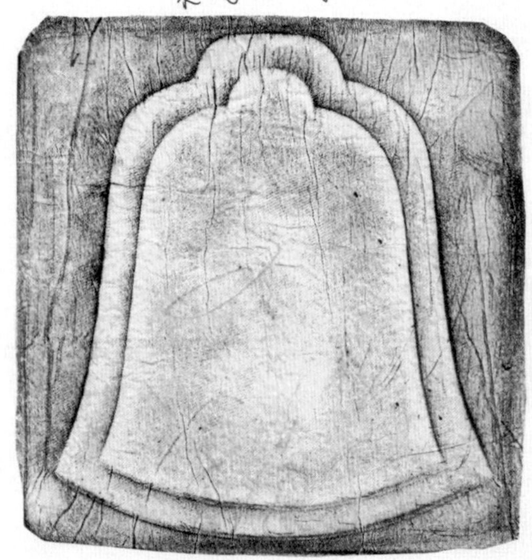

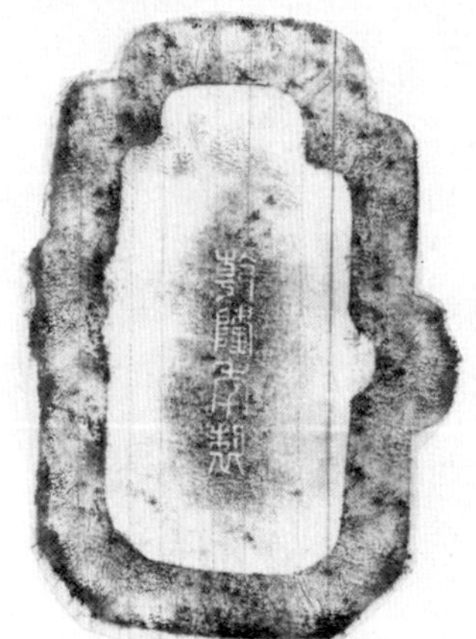

◎ 宋代金钟砚和乾隆御批砚拓片 ◎

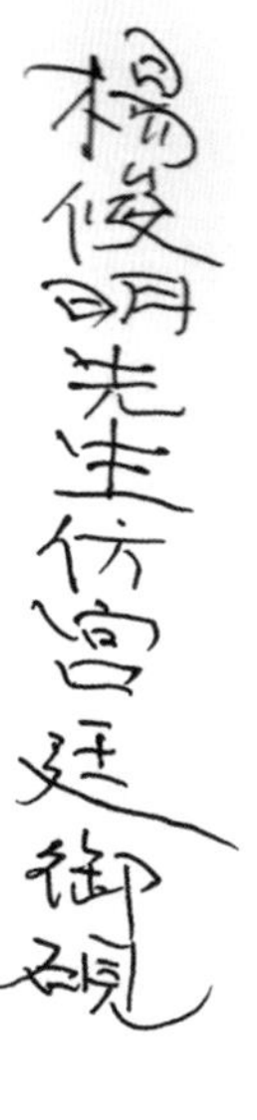

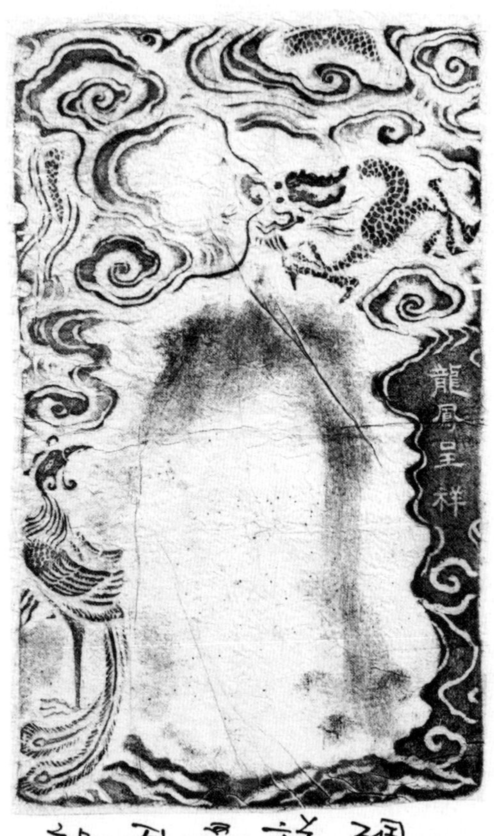

◎ 仿宫廷御砚——龙凤呈祥砚拓片 ◎

杨俊明刻制拓片

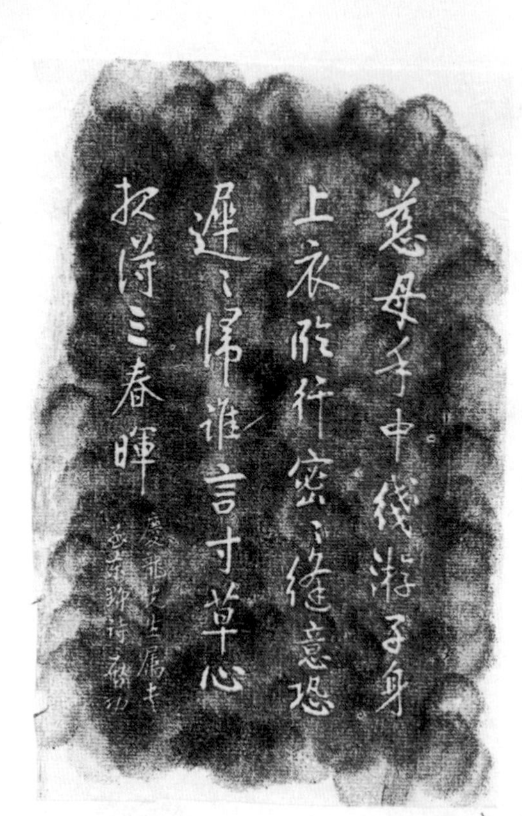

为国防科工委特制百福百寿砚砚盖
上面请启功先生题字，面交给
为国防事业有贡献科学家们

◎ 杨俊明刻制的百福百寿砚砚盖拓片 ◎

◎ 平安砚拓片（一） ◎

◎ 平安砚拓片（二） ◎

楊俊明先生仿避暑山莊藏硯

背面

◎ 避暑山庄砚拓片 ◎

◎ 古币砚拓片（一）◎

◎ 古币砚拓片（二）◎

后记

AFTERWORD

我和孔繁明相识在20世纪70年代。当时正是乡镇企业蓬勃发展的阶段，我在区委宣传部当新闻干事，所以十分关注乡镇企业的发展情况。

在一次乡镇企业发展座谈会上，我结识了孔繁明。对方黝黑的面容，健硕的体魄，给我留下了极为深刻的印象。特别是他娓娓道来的一番理论，令我耳目一新。他说，任何资源都是有限的，咱得打文化牌，得有长远打算。他的话在外人听来可能有点不明白了。当时，由于多年来发展品种单一，许多乡镇是打了粮、产了菜、收了干鲜果品却没有钱花。说某生产队连瓶墨水都没有的事，虽有夸张，但生产队资金紧张却是不争的事实。门头沟区地下矿产资源丰富，素有“黑白两道”的戏称，指的就是煤炭和烧白灰两种行业。永定河北岸有各种矿山资源，整天炮声隆隆，这场疯狂掠夺使许多人一夜暴富，同时也使村庄陷落，乡村道路塌陷，甘甜的山泉水消失。

面对这种情况，孔繁明不为所动，不急不眼红。他查找了大量资料，还请专家进行了地质分析，一年间从故宫博物院到地矿部跑了十几次。在广泛调研的基础上，他决定成立潭柘紫石砚厂，恢复从明代中断的潭柘紫石砚生产。要筹办一个企业谈何容易，要找场地、筹措资金、招聘技工、办理证照等，但孔繁明凭着他的热情、执着，很快办好了这些事情，并且做出了一批样品。从此我和孔繁明、和潭柘紫石砚都结下了不解之缘。

当潭柘紫石砚召开新闻发布会时，我已从宣传部调到了北京市门头沟区广播电视局。当时会场上是高朋满座、宾客云集，因为此时的紫石砚已不仅是门头沟一个区的产品了，而是北京市乡镇企业的龙头，是北京市、外交部的国礼了。在热热闹闹的新闻发布会后，老孔提出了如何深入宣传的问题。做个广告是很简便的事，但费用是按秒计价的。当时老孔手中没有多余的资金，只有银行贷款和主管部门的贴息贷款，要一下拿出十几万、几十万做广告是根本不可能的事。当时我是门头沟区广播电视局局长，一直想为紫石砚的发展做点儿事，就积极与电视台新闻部、专题部的朋友们联系，最后找到台长言明情况，请求帮助。当时电视台的朋友们真够意思，提出了一个拍摄文化专题片的计划，帮我们解了难。当5分多钟的潭柘紫石砚专题片播出后，在社会上特别是文化层面引起很大反响。当时老孔的办公室挤满了订货的人，有的三天就要货，老孔真是手忙脚乱，忙了三个月才缓下来。

做文化产品是要有文化品位的，没有文化品位肯定做不出高质量的文化产品。老孔初中毕业就回家务农了，因为肯干又能干，很快当了村里的干部，后又调到镇里管企业。他是个认死理的人，看准了的事，就一竿子插到底，不获胜不收兵。他从认准了紫石砚这项事业，就再没有分过心。为了解紫石存储情况，他多次爬上潭柘寺后山，深入到明代的老坑底，察看紫石分布情况，还拜访地质专家，推算紫石分布及储量。为了掌握砚谱，他节衣缩食，遍访了四大名砚及全国所有产砚的地方。他虚心好学，耐心求教，取得了专家、名人们的信任。这些活动使他看到了各种砚谱，学到了众多砚种的知识，知识的积累使他勇于创新，从手掌大的箧箩砚到国家信访局近十吨重的巨砚，处处彰显着老孔的文化品位和紫石的光彩。在砚的品种上，老孔坚持学旧创新的原则，传统的东西要留，但也要创新，跟上时代的发展。

在企业的管理上，老孔也不落伍。有一次老孔找到我，要做企业标准。那时我已到北京市门头沟区技术监督局当局长了，按照要求，企业标准要高于地方标准，地方标准要高于国家标准，也就是说企业标准是最高的标准。但当我们到国家技术监督局汇报这件事时，众多专家都十分惊讶，他们既为老孔的远见卓识所敬佩，也感到十分为难，因为许多的文化产品都没有标准，而砚产品又受到生产者个人文化品位的制约，要制定标准很难，执行起来更难。但在企业、地方、国家三级标准部门的共同努力下，全国第一部砚产品的标准诞生了。

说来真是有缘，当我调到北京市门头沟区文化委员会时，和老孔又开始打交道，那就是要为紫石砚申报北京市的非物质文化遗产名录。紫石砚能够恢复生产并且有了极大的发展，可以说每一步都透着老孔的心血和汗水，都彰显着他的创新与包容。在评选中，专家、学者各级领导都被老孔的精神和付出感动，紫石砚顺利进入了北京市非物质文化遗产名录，孔繁明同志成为潭柘紫石砚的代表性传承人。

说有缘，是因砚而有缘。回首我和老孔打交道的30多年，皆因砚而有缘。从宣传到企业标准，再到申遗，老孔为了这一文化产品，可以说付出了大半生的精力。现在他已步入古稀之年，可是每当说起紫石砚来，他还是像小伙子一样滔滔不绝。

更令人佩服的是，他十分注意各种资料的收集和整理，几十年来凭借着顽强的努力，整理出了大量资料，为本书成书提供了翔实的资料，本书中有部分内容是他自己写的。

另外，在这里我还要特别提到本书作者之一的袁树森先生。他是我们永定河文化研究会的副会长。他热爱家乡的地方文化，文化功底深厚，收集了丰富的资料。在接受任务时，他虽然身患癌症，但二话没说，毅然挑起了重担。他尊重传承人的意见，认真搜集整理资料，反复斟酌，付出了艰辛的努力，终于较好地完成了任务。中华民族的文化之所以能够源远流长，流芳百世，不正是因为有了他们这样一批人吗！

因为有了砚缘，我才有幸目睹了潭柘紫石砚恢复、发展的历程，才有了为本书写后记的机会。

多年的文化工作阅历，使我深深感到，任何文化工作，遗产项目都离不开政府的扶持、帮助。在此，我谨向市文化局、市文联以及北京出版集团表示衷心的感谢，向石振怀老师表示诚挚的敬意。

张广林

2016年9月

张广林为北京永定河文化研究会会长、北京史地民俗学会会长。